插画：Creartive Visual Agency

动物的软装

——开启动物创意的神秘空间

凤凰空间·大连 编著

江苏凤凰文艺出版社
JIANGSU PHOENIX LITERATURE AND
ART PUBLISHING, LTD

图书在版编目（CIP）数据

动物的软装：开启动物创意的神秘空间／凤凰空间·
大连编．-- 南京：江苏凤凰文艺出版社，2017.7
ISBN 978-7-5594-0732-0

Ⅰ．①动… Ⅱ．①凤… Ⅲ．①室内装饰设计 Ⅳ．
① TU238.2

中国版本图书馆 CIP 数据核字 (2017) 第 140531 号

书　　　名	动物的软装 —— 开启动物创意的神秘空间
编　　　著	凤凰空间·大连
责 任 编 辑	孙金荣
特 约 编 辑	高 红 张 群 苑 圆
项 目 策 划	凤凰空间/郑亚男
封 面 设 计	米良子　郑亚男
内 文 设 计	米良子　郑亚男
出 版 发 行	江苏凤凰文艺出版社
出版社地址	南京市中央路165号，邮编：210009
出版社网址	http://www.jswenyi.com
印　　　刷	北京博海升彩色印刷有限公司
开　　　本	889 毫米×1 194 毫米 1 / 16
印　　　张	16
字　　　数	128千字
版　　　次	2017年7月第1版　2024年10月第2次印刷
标 准 书 号	ISBN 978-7-5594-0732-0
定　　　价	258.00元

目 录

趋势

技艺

TREND

插画：Creartive Visual Agency

动物趋势 >>>

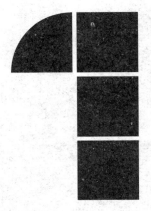

本页图在两图书中的位置：
第 18 届 – 第 51 页

两本书教你看透
"用动物元素做软装"

——《室内设计奥斯卡奖：第18届安德鲁·马丁国际室内设计大奖获奖作品》解读
——《室内设计奥斯卡奖：第19届安德鲁·马丁国际室内设计大奖获奖作品》解读

　　安德鲁·马丁奖是室内设计界的风向标。这个国际奖项收录了国际上众多名家的设计案例，在艺术性、生活性上都具有很高的水平，当然也极具权威性。

　　安德鲁·马丁奖被美国《时代周刊》《星期日泰晤士报》等主流媒体推举为室内设计行业的"奥斯卡"。安德鲁·马丁国际室内设计大奖由英国著名家居品牌安德鲁·马丁设立，迄今已成功举办20届。作为国际上专门针对室内设计和陈设艺术最具水平的奖项，每届都会邀请室内设计大师以及欧美社会精英人士担任大赛评委。他们中有建筑师、服装设计师、艺术家和时尚媒体主编，也有商业巨子、银行家、皇室成员、好莱坞明星等。因此，每一个获奖作品都经得起来自各界挑剔眼光的甄选。

　　安德鲁·马丁奖的案例每年都会以图书、画册的形式对外发布。但有部分中国的读者反映，图片很好，案例很好，但是具体为什么好，看不懂。所以，我们将定期拆解安德鲁·马丁奖的获奖案例，对其中一个方面进行解读。

　　今天，我们解读第18届和第19届获奖作品中"动物及动物衍生的装饰元素"的运用。通过这些作品，了解国际大奖获得者们如何将动物元素演绎成生动有趣的软装元素。

本页图在两图书中的位置:
1. 第 19 届 – 第 202 页
2. 第 19 届 – 第 287 页
3. 第 18 届 – 第 437 页
4. 第 18 届 – 第 120 页

代表王权的鹿头从中世纪挂到今天

鹿头作为装饰品大致起源于此: 古老的城堡主人喜欢把狩猎到的大型动物(鹿、山羊、熊)的头锯下来,工艺处理后,挂在客厅作为装饰品,向来往的客人炫耀自己的勇敢和打猎技术,时间久了,鹿头装饰渐渐流行开来。

美丽的雄鹿鹿角代表王权,因此鹿在西方代表权利,地位,金钱,俸禄;在古代东方,鹿被视为神物,能给人们带来吉祥幸福和长寿。现代的装饰大多非真正的鹿头,多是雕塑和仿生的工艺品。但是一个空间,但凡将鹿头挂上,这里定会成为焦点,就会迸发出来自丛林的气势和韵味。

本页图在两图书中的位置：
第 19 届 — 第 373 页

本页图在两图书中的位置：
第 18 届 – 第 133 页

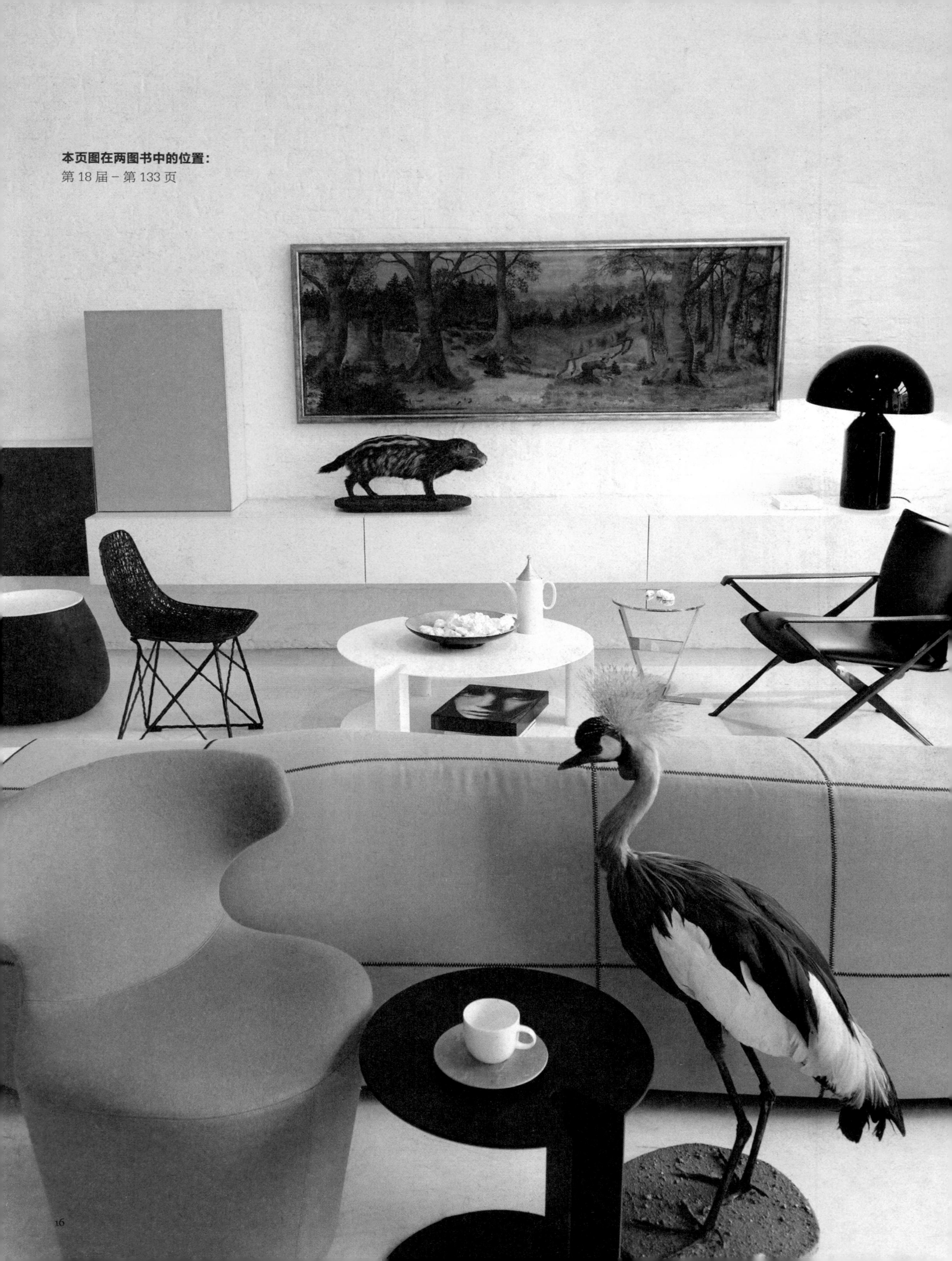

鸟语才能衬花香
——让空间变得灵动的鸟类装饰

几处早莺争暖树，谁家新燕啄春泥。——白居易《钱塘湖春行》

无可奈何花落去，似曾相识燕归来。——晏殊《浣溪沙》

留连戏蝶时时舞，自在娇莺恰恰啼。——杜甫《独步江畔寻芳》

好春岂能无花？好花岂能无鸟？诗句如此，绘画也单有"花鸟"一品类，空间也是如此。

本页图在两图书中的位置：
第18届－第135页

17

本页图在两图书中的位置:
1. 第 19 届 – 第 399 页
2. 第 19 届 – 第 98 页

大家既然热衷于用绿植、枯枝、藤蔓、瓶花来装饰空间，岂不知自古鸟语和花香最相宜，点缀些许真假鸟禽，或真实或艳丽，那莺歌燕舞的一点点灵动，瞬时出彩！

本页图在两图书中的位置：
1. 第 19 届 – 第 265 页
2. 第 18 届 – 第 28 页

朴拙的动物雕像
——让空间穿越时空的神秘力量

    动物雕塑的来源可以是古物古董、现代雕塑，也可以是自然风化出的动物形物品。这些朴拙的动物雕像共同点是：让空间瞬间拥有时空感，且带着沧桑大气的神秘力量，仿佛能带你穿越古今。

本页图在两图书中的位置：
第 19 页 — 第 297 页

时尚化处理后的动物形象
——空间最闪亮的明星

　　人们总是最先利用身边的物品，比如：寒冷的冬天，先人们先是用树叶蔽体，后来用野兽的皮毛覆盖在身上来御寒，这样兽皮就成了最早的衣服。也许这种温暖已经储存到人们的基因中，温暖的皮革总是能给人带来安全感。随着现代社会文明程度的提高，人们不再提倡使用真正的动物皮毛。科技的发展使我们拥有了无数的人造皮毛等替代品，为家居配饰带来多样的选择。将质感、颜色、形态做进一步时尚化处理的动物作品，作用堪比璀璨的珠宝。

本页图在两图书中的位置：
第 19 届 - 第 426 页

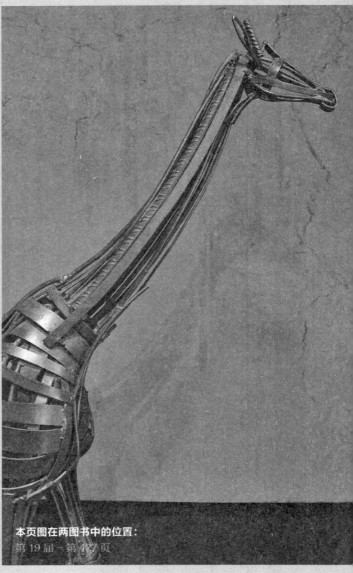

本页图在两图书中的位置：
第 19 届 - 第 427 页

本页图在两图书中的位置：
第 19 届 - 第 427 页

本页图在两图书中的位置：
第 19 届 - 第 485 页

皮革（人造）的妙用
为空间带来温度

本页图在两图书中的位置：
第 19 届 · 第 98 页

本页图在两图书中的位置：
第 19 届 · 第 278 页

动物和自然元素结合
让空间充满野趣

卡通的动物形象和
色彩让空间瞬间柔化
并具有"童话"空间的奇妙力量

卡通的动物形象,是让空间瞬时变轻松清新的法宝。不管是墙绘、挂画、织物图案、玩偶玩具、艺术品,甚至卡通形象的家具,都有此功效,简单易行。

本页图在两图书中的位置:
第 18 届－第 120 页

本页图在两图书中的位置:
第 18 届－第 120 页

本页图在两图书中的位置:
第19届 - 第503页

动物主题酒店

与野生动物和平共处

当代设计师们开始考虑在室内外建筑设计中引入动物元素，最先出现的常见于人类宠物的带入，如猫、狗、兔子、鸟之类等较温顺也愿意信任人的动物。更大胆的尝试，是将野生动物引入人居空间，如肯尼亚的长颈鹿庄园（GiraffeManor），这是世界上唯一一家以长颈鹿为主题的酒店。

老式苏格兰狩猎屋，藤蔓交织的外墙似乎在述说着曾经悠远的岁月时光。游客们入住酒店期间可以与长颈鹿亲密接触，孩子可以亲手喂养高大又可爱的长颈鹿，你可能会经历跟长颈鹿一起分享早餐的奇特体验。这种体验对今天的人们来讲太过珍贵，动物们的善意会治愈因远离自然而孤独、古怪的人们，唤醒我们灵魂深处的对动物的爱和尊重。就算我们暂时不能把荒野还给这些可敬的生灵，但也能让我们跟它们和谐相处的愿望显得不那么遥远和难以实现。而澳大利亚的贾马拉野生动物度假酒店（JamalaWildlife Lodge）走得更远，客人们可以与棕熊共浴、与狮子共进晚餐。

这里甄选出两例野生动物主题酒店，让充满灵性的野生动物，瞬间点亮我们的眼睛。

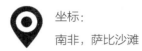

坐标：
南非，萨比沙滩

动物的零距离触碰
—— Singita Ebony Lodge酒店

项目设计：Singita　文 / 编辑：高红　翻译：刘嫔
摄影师：Horst Klemm，Marlon du Toit，Mark Williams，The Ginkgo Agency

　　我们住在这样的一个世界，在那里，大家对于改变的需求胜过对进步的追求，这种思想一直在延续。有很多地方，还有未曾改变的拥有宽阔土地的世界，这里充满惊奇和美丽。为了更好地保护这片宁静，Singita Ebony Lodge 酒店出现了。

　　辛吉塔萨比沙滩是一个私营的野生动物保护区，位于萨比沙滩私人野生动物保护区，和南非的克鲁格国家公园毗邻。跨越 45000 多英亩，辛吉塔萨比沙滩因其高密集大猎物的频繁出现而闻名，被大家亲切地称为"大型猫科动物城市"。在这里，您可以找到 Singita Ebony Lodge 酒店。酒店用一种新鲜且现代的方式对旅行酒店进行了诠释，结合露营酒店和灌木丛酒店两种方式，将旅行设计方式提升到了一个新的高度。

　　酒店的每个夜晚都呈现出它们自身的魔力，让游客去感受真正冒险的每一瞬间。这是一个充满游戏乐趣的地方，酒店的宗旨是在正常的旅行中，体会到冒险、刺激的生活感受。

　　设计师与居住在酒店里及其周边的人们一起合作，这样可以各自维护他们的生活遗产，保留和维护每个区的野生动植物，并将其传递给后代。重要的是，在区域部落中创造可持续性，提升教育独立性。

　　欧洲人的传统和非洲人的胆魄的结合，珍贵物种的收集，历史书籍和摄影作品的珍藏，Singita Ebony Lodge 酒店带着家的热情欢迎游客们的到来。在酒店的主要区域有一个游泳池和健身设施，辛吉塔精品店和画廊，以及一级红酒精品店。如果儿童来酒店游玩儿，可以提供临时保姆的服务，为每个家庭量身定制各式活动。入住 Singita Ebony Lodge 酒店期间，可以看到各种野生动物，例如，豹子、犀牛、成群的水牛、大象、小苇羚、鬣狗、河马、白斑羚、猎豹、野狗和各种类型的鸟。备好摄影机、照相机、双筒望远镜、备用存储卡，如果赶上在雨中进行动物观赏活动，请备好雨衣。

屋顶用特殊的草铺制而成，它的自然展放，给当地的
建筑风格增添了另类的风景，同时也让茅草屋装饰建
筑得以延续，与当地的环境相融合。

粗竹伴有野性的空间布置

纯牛皮抱枕，黑色的牛皮分布均匀而紧密，皮面光亮平滑，质地丰满、细腻，外观平坦柔润，用手触摸质地坚实而富有弹性

在这里一切形态的家具都是可以被接纳的，特殊造型的座椅是用当地特有的藤材编制的

这是自然死亡的动物头骨，设计师放在这里作为装饰品，既可以唤起人们保护动物的自觉，也可以让动物的生命真正地得到延续

左页图：裸砖墙、泥质屋顶、树枝和竹材，这一切都是自然而然地组合在一起，身在此处，眺望远处，热爱自然的情感就会满怀于胸。

右页图：裸砖与原木搭配的墙体，将空间凸显出一种野性的美，餐桌上放置的牛角装饰品，牛角象征着好运和财富，又象征着正义、坚忍不拔的精神。能带给你的不仅是美好的祝福还有崇尚自然、返璞归真的心境。

Q：旅行时对着装有什么要求？

A：在进行动物观赏和丛林徒步旅行时，建议您穿着棉质中性颜色的衣服。尽量避免穿着白色和深色系衣服，以免引发动物们的攻击性。酒店不要求穿着正式的服装。季节的舒适取决于服饰，因此我们建议您按如下建议携带：

十月份 - 四月份： 夏季休闲服装（短裤和凉爽的 T 恤衫）和一件暖和的运动衫或针织衫，因为在早晨和晚上温度会较低些。

五月 - 九月： 休闲轻便的服装和一件暖和的大衣或外套，因为沙滩的一早一晚特别冷。

为保证能有一个无忧无虑的旅行，建议按照如下项目携带：

为徒步准备舒服的休闲鞋、跑鞋、登山靴以及能在酒店周边散步的便鞋。

泳衣、防晒乳、遮阳帽、润唇膏、防蚊剂（后两者我酒店也有提供，但是您也可以自己携带自己常用的品牌）。

左页图： 白色的纱幔包裹着旅者的视线，朦胧地看向远处的朝阳与日落，仿佛抬头就能看到满天的繁星，造型独特的壁炉让人感受到原始的气息。

右页图： 地上的牛皮地毯，非常帖地，有吸音、保温、耐磨、抗虫蛀的功效，且做工精细，行色纯正光亮、顺滑，毛质柔软，柔韧性好，手感极佳，是时尚、贵气的体现。

在酒店里可以享受一个美妙的夜晚，
酒窖储备充足，
还可以享受私人户外淋浴。
也可以骑上山地自行车，
体验丛林探险或者摄影之旅。
欣赏也许一生只能看到一次的大象在沙河中洗澡的壮观景象。

上图： 浴室为全透明的玻璃，在这里泡澡，能够感受
到自然的美好与身心的放松。不过不要担心被曝光，
因为每个院落都是独立存在的，具有极好的私密性。

右页图： 在野外与动物零距离接触后，沐浴着阳光，
沉入泳池深深地感受着自然美好的馈赠。

在烈日的午后饮上一杯红酒，体验着自然的野性美，与动物的零距离接触

美食都是以香草和灌木为食，所以它们的肉有一种特殊的香味。无论是煎、炒、烹、炸，都样样俱佳

当地的美食也是不可以辜负的，这里的肉质独具特色

左图： 在这里没有其他过多的装饰品，个别当地风格的装饰品点缀其中。

下图： 当地生产的木头和陶罐深受设计师喜爱。房间铺着的动物皮地毯，斑点、颜色和尺寸变化是皮革的天然特点，每张牛皮都是独一无二的。

这里是多种野生动物的栖息之地，
在广袤的大草原中，
可以感到自然的魅力和力量，
不禁升起敬畏之情。

上图：半透明的纱幔与粗野的毛石墙形成强烈的对比，
一种曼妙的柔情与狂野的力量之间的对比，碰撞出空
间肌理的层次感。

坐标：

南非，萨比沙滩

部落式居住体验
—— Singita Sweni Lodge酒店

项目设计：Singita　文／编辑：高红　翻译：刘嫔

摄影师：Horst Klemm，Marlon du Toit，Mark Williams，
The Ginkgo Agency

　　Singita Sweni Lodge 酒店位于沙河之滨，是一个颠覆性的再创造，它将动物纺织印花、绘画似的部落模式与自然衔接起来，具有大胆、完美、迷人的浪漫气息，让游客们完全沉浸在这广阔的自然空间中。酒店的室内设计结合了当地的部落文化和动物界的一些特点。酒店设计灵感来源于露营方式的浪漫和冒险，以及探险家们的住所和旅行家具——酒店室内由抛光且发出的光泽的乌木和桃花心木，以及冷色调的天然纤维设计。旧黄铜所散发出来的贵气，手工编制的篮子，由粗帆布做成的颜色为卡其色和浅黄色的帐篷，露天的草，所有这些都被带入了酒店生活中。Lodge酒店有 12 栋套房，每栋都有私人游泳池，酒店的室内和室外的墙几乎已经完全被拆掉，并全部由帆布和玻璃代替，通过制造新的旅行帐篷房，来将视野和空间增到最大，让游客完全沉浸于自然中。酒店户外帐篷板是理想的就餐和休闲地，草板悬挂于河岸上方，犹如吊在树丛中。

游泳池是利用纯天然地形环境而成。

上图： 夕阳西下，几个人围着篝火浅浅地交谈着今天的
见闻，伴随着远处传来的动物叫声，听着风吹动树叶摇
摆的飒飒声，此刻是让人平静的最美记忆。

瑰丽丛林的神秘一族，仿佛生活中从来没有出现过数字和都市

驱车前往野外的禁猎区，会发现成群的鬣狗、野狗和各种类型的鸟群。

自然中美丽的鸟儿是最灵动的饰品。

原始、狂野、粗犷……
这或许是你对这里的第一感受。
但当你静静地感受时，你会发现，
在那粗犷的表面下隐藏着的是人们自然真情的流露，
是人们对大自然的热爱与歌颂，
它们与自然相交融，谱写着动人的自然旋律。

左页图： 泳池旁是供休憩的场所，藤编的椅子配上豹纹的靠枕，当地人家里淘来的铁箱子做茶几，以当地人的形象雕刻的石塑，仿佛在告诉旅者，这是个异域的国度。

右页图： 设计师利用了天然地理优势，用石头围成了天然的泳池，每个房间都有自己独立的泳池供旅者使用。

南非的食物是多元性的。因为集传统非洲食物与从印度尼西亚和马来西亚传下来的烹饪于一体，南非的菜肴的味道与材质并不是很协调，却又是相当的美味。

造型独特的手池

美食

精神的美食

美

精神美食

上图： 墙体的下半部分由不规则的石头砌成，上半部分则被绘成非洲特有的图案和颜色，壁炉上挂着大大小小形状不一的黄铜装饰物，散发着金属光泽，与金黄色的吊灯相呼应。长长的桌子可供十人就餐，在桌子上放置几个银色的鸟摆件，更突显出空间的金属质感。

下图：空间的壁炉是用泥制成的，外层刷上黄色的涂料，整体架构是用木头搭建，屋顶用草铺垫而成，材料原始且环保，设计师意在将建筑融合于自然中。

右页上图：深色的地板配上白色的床品和纱幔，原木色的草编地毯在视觉上起到了缓冲的作用，非洲特色的壁画和墙绘搭配上豹纹沙发，显得野性十足。

右页下图：每间客房的浴室都不一样，根据每间卧室的风格装饰而成，这间浴室充满了金属气息，硬朗的同时也不失柔美。

动物装饰的公寓

——看不同国家、不同地域文化背景的居民 如何把飞禽走兽"领"回家

公寓和住宅是属于个人的私密空间，将动物装饰运用到家居空间的方式很多。总结下来，不外乎以动物标本和雕塑、艺术品的立体运用，墙绘、挂画等的平面运用，还有窗帘、墙布、沙发布、地毯、靠垫等装饰布的图案运用等几个方面。当然业主和设计师们也在不停地突破形式。更有甚者，将公寓装成了生态的雨林系统，在里面再造奢华的空间。有充满动物工艺品陈设类的居住空间，但工艺品的尺度和形态又与空间契合得恰到好处。有蜻蜓点水般的空间装饰点缀类型，只用动物点亮空间的灵性，也有用动物的羽毛、纹理、色彩，作变化设计，衍生出不一样的家居和软装家居用品。大家手法不一，出来的作品也千变万化，几乎所有的年龄层和喜好都能找到自己喜爱和适合的动物软装手法。

而最终风格，还是受当地的人文环境制约最多。从动物运用的方式，可以反推主人和地域的文化倾向。

这里我们即甄选了来自泰国、英国、巴西、美国、中国五个不同地域不同文化背景的案例，看动物元素如何演绎或土豪、或经典、或田园、或粗狂、或婉约的风格。

声明：本书呼吁动物保护，不提倡使用真皮和真正的动物标本做装饰，本章使用的动物装饰为仿生品或创作的工艺品，并非真正的动物标本。

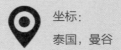

坐标:

泰国，曼谷

泰国的可持续性艺术住宅

项目设计师: Apostrophy's   文 / 编辑: 高红
摄影: Ms.Ketsiree Wongwan, Baan-lae-suan, BK, aday bulletin life

住宅设计是根据当地环境和社会背景而设计的。位于曼谷这个人口密度高、绿化率低、交通拥堵的城市，除了那些已经被人分剥的独立产权公寓外，"城市屋"是曼谷住宅设计的一般户型。"Apostrophy's"是一个多学科设计公司，它的两个办公室都已经尝试过这样的设计。"Casa lawa"是个可持续性的住宅项目，这个项目的拥有者是Pantavit Lawaroungchok先生和Apostrophy's公司的设计总监。

首先，"Casa Lawa"旨在创建一种住宅空间，可以使建筑方法和艺术及功能性需求相结合。"Casa"的意思是住宅，"Lawa"代表"Lawaroungchok"，是屋主的名字。因此，整体空间设计针对所有家庭成员，设计风格休闲且富有活力，这都在"城市屋"的一步步设计计划内。此外，"Lawa"的发音

和英语"Lava"的发音相似，设计师将"红色"和"金色"选为方案的主要颜色。

总之，"Casa Lawa"的独特之处是"两个对立面的结合"，如同东方遇西方、科技遇自然、传统工艺遇激进设计。设计师能在典型的"城市屋"的有限空间里，将其混合在一起并对其优势进行强调。

建筑屋顶安装了一扇"天窗"，使自然光可以照射到室内。此外，灯光还可以用自动遥控系统调节亮度。对于室内装饰，设计师利用"中国风"来诠释这种风格。先是对东方文化进行重新诠释，然后介入西方传统文化。这样，整个空间会如西式风格般高雅，但又不失东方的灵魂。同时，家具由泰国设计师进行设计，这也是房子主人的意愿，希望能支持和促进当地的创造力。

金属质感的家具

屋内的沙发，
特殊设计的座椅和让人瞠目结舌的"超大尺寸"桌子，
正常情况下，
它们的尺寸有可能不适合这个空间，
但是通过设计师的巧妙设计，
使得整个空间看起来优雅舒适。

上图： 整个空间散发着金属的光泽，竖立在墙上的巨大置物架是泰国不常见的装饰方式，架子上摆放着各种动植物的标本，配着射灯的灯光，起到延展空间作用的同时也具有艺术价值。

右页图： 褐色的真皮沙发配上灰色的毛织地毯，茶几上放置着动物的毛皮装饰品，远处置物架上动物的标本，一股原始的自然气息扑面而来。

本页三图： 房间挑高非常高，设计师很好地利用了这一点，在空间中从上到下都种上植物，仿佛让人置身热带雨林中。这也是热带才方便尝试的软装饰手法。因为泰国气候属于热带季风气候，全年分为热、雨、旱三季，年均气温 24 ~ 30℃。四季绿草如茵，非常适合种植绿植。正是基于这点，设计师才将绿植请进房内，用铁架子围成半私密的空间，用绿植作为墙体的一部分，在绿色的空间里阅读和会客，这也是最美好的体验。

右页图： 为了满足家庭用餐和朋友聚会的想法，在餐厅放置可供10 人就餐的桌子，而且桌子和凳子都是金属材质，光鉴照人，显得奢华同时也具有通透感。细看之下，有很多的小动物点缀其中，丰富空间的意趣。

上图： 设计师不仅要将动物元素用到大厅内，也要用到
细节处。在二楼的廊道墙上可见三幅动物抽象画，分别
为：老虎、狼、狮子，用艺术的形式表现出来，大胆霸气。
墙上一系列的油画，是设计师与 Apostrophy's 先生
和 Jackkrit Anantakul 先生合作设计的。

右页图： 站在架子前向上仰望，这是最美的视角。透过
屋顶的玻璃，便可以看到星空，璀璨无比，令人神往。
就像黑格尔说的："一个民族需要一群仰望星空的人，
他们不只是注意自己的脚下。"

动物皮革的运用，
让空间充满了原始的野趣，
符合泰国华人富有代表性的审美。

上图： 在二楼的角落，设计师将这里布置成一个小的休憩空间，
用到的也是皮沙发、毛织地毯、水晶灯、动物摆件等。瓷瓶上一
大束红色的花朵，点亮了整个空间，是最佳的软装摆设。

右页图： 茶几上的动物皮与红色的花组合，皮质沙发与皮凳组合，
再配上毛织地毯，俨然一处舒适的图书阅览区和临时会客厅。

泰国平面设计师同样对在泰国的华人的装饰风格进行了评价，
泰国华人喜欢粗犷的人物和力量型动物，
如狮子，老虎和龙，希望它们能为屋子带来力量和幸运。

卧室挂着以"虎"为原型的
艺术创作作品。

壁画装饰单调的走廊　　　　　　　　　　　　精致的烛台　　　　　　　　　　　　书架也是置物架

　　除此之外，还有一些个人"收藏"，都是从世界的各个地方收集来的，且在它们的背后有许多故事。特别是墙上一系列的油画，是与 Apostrophy's 先生和 Jackkrit Anantakul 先生合作设计的。他通过细节最小化来设计这样的绘画，对画进行重新安排，并增加一些和 Jackkrit's 先生的签名风格类似的类型。他的作品充满了幽默感，但是也隐藏了一些深层次的东方哲学。这个系列有 18 张图，它们都通过如下概念在不同的楼层做了展示：第一层，是关于地球和事物的起源的概念；第二层，是关于栖息和陆地生态系统的概念；第三层，是关于空气，风和昆虫的概念。除了特殊的设计，这个收藏品经过当地专业工匠的完善，增加了更多的文化价值和东方精神。

在房屋后面有一个 7.5 米高的"后院垂直花园",将忙碌的生活与轻松的自然元素相结合,这个花园的设计就是要填补生活与自然之间的缺口。它适用于有限的空间,特别是"城市屋"。从选植物开始,设计师对植物生长进行了实验,并且找到了最佳的浇水和施肥系统。此外,地面安置了 UV 灯,能够使每种植物都能更好地生长。

本页图：夜晚的屋子，从室外看向室内，温暖又让人着迷。

左页上图：从阳台的角度看去，视野更为开阔。

左页下图：建筑外立面由石头砌成。

坐标：
英国，萨里

英国萨里山乡村
经典公寓

设计师：Maurizio Pellizzoni (Maurizio Pellizzoni 事务所)
摄影：Jake Fitzjones　文 / 编辑：高红　翻译：刘嫔

从 1901 年开始，这个伟大的爱德华时代的别墅便是一个艺术品了。设计师 Maurizio Pellizzoni 要对萨里山的汉普顿斯进行重建，着手打造一个高层次的"美国人视觉"，作为非正式的休闲的居住空间。客户要求保留一贯的航海风格，这种航海风格也可以转化为现代英国乡村风格，他还希望将各国旅游买回来的物件融入到空间设计中，将这些元素分布于每个房间，且让各个房间有自己独特的颜色搭配和感觉，创造一个带有个人设计美学的屋子。为了达到此效果，毛里奇奥设计出了一种方案，这种方案是由汉普顿斯风格激发而成的，是一种聪明的裁剪，酷蓝色及灰色调，自然材料相混合的简单方案。汉普顿斯风格的趋势是一种有效途径，它是将新西兰风格的高雅与典型的英国感觉相结合，为客户的休闲娱乐生活创造良好的空间背景。主人说这样的设计会让人回忆起在海滨度过的每一个夏日，同时将保留永恒的英国传统和魅力。

墙上挂着的民族特色的挂饰，白色的沙发提亮了整体空间色彩。

装饰豪华的厨房

布局讲究的用餐区

休闲娱乐区

上图： 英国的国花是玫瑰。当时代表 Lancaster 皇室的是红玫瑰，代表 York 皇室的是白玫瑰。York 皇室的政权被 Lancaster 皇室击败后瓦解，但是双方在战后通过联姻而和解，所以这两个皇室的代表物——红玫瑰和白玫瑰合而为一，成为白蕊的红玫瑰。于是，白心红玫瑰成为了英格兰的象征，也逐渐成为了英国的象征。

右页上图： 设计师将屋主的收藏品都分散到各个角落，比如墙上的人物挂画、桌子上的大象摆件、棚顶的鹿角造型的灯，为了配合会客厅的风格，选择了褐色的皮沙发，就连靠垫都印有动物图像。

右页下图： 在另一个会客厅，也布满了各类藏品，墙上挂着烈马奔腾的油画，配上斑马纹的沙发凳，整体选择褐色布艺沙发，相对于真皮柔和了很多，很适合朋友间的相聚。

上图：同样的蓝色调贯穿始终，这样的对比显得既和谐又美观，一年四季都会使人有在海岸上休闲的娱乐感，具有很深的意义。

右页图：红木色的浴室柜与白墙的强烈对比。墙面的镜框和织物花纹来自斑马的纹理。

为了使整个项目的设计高贵而典雅，特用设计师 Charles Edwards 精心雕琢的漂亮门把手、品牌 de Le Cuona 和 Andrew Martin 的家具和针织品来为整个环境营造出奢华精致的氛围，同时也对现有元素进行填补。富有创造力的 Maurizio Pellizzoni 总监运用深蓝色和白色做颜料，用柳制家具、密织制品及大量的绿植作为空间上的过渡。靠垫上的航海条纹和汉普顿斯毛毯与扶手椅上的植物细节相配合，陶瓷灯和花瓶等均从 Maurizio Pellizzoni 精品店购买，同时将主人个人收藏的古董和艺术品进行融合，为了空间的整体协调，所有的艺术品都要进行再构造，大约 20% 的家具都由 Maurizio Pellizzoni 定制，包括厨房、走廊的栏杆、沙发等。

Maurizio Pellizzoni 要确保空间保持最大化，通过增加一个新的正厅、橘园，增加三间浴室和主卧的衣帽间，将原始建筑扩大。Maurizio Pellizzoni 布置了开敞式的客厅，他聪明地将不同功能的元素融在一个空间中，在完全翻新后，公寓有了一个新的客厅，一个新定制的厨房和毗邻的橘园，连着餐厅，到了夏天，就可以去泳池对面的巨大露台休息。在一层，设置带有衣帽间的主套房，两间客房，一间有独立卫生间的套房，两个浴室和一间书房。顶层是儿童游乐场。他们有两个大的卧室，并有招待客人的休息区域，在两个卧室中间还有一个私人游戏间，一个巨大的双水槽卫生间。设计师 Maurizio Pellizzoni 与一位当地的厨房建造专家一起重新设计了厨房，为厨房定制工作台。

上图： 牛皮沙发配上牛皮地毯。英国的皮革制品由来已久，从资本主义萌芽时期的小手工作坊到 21 世纪初的机械化大生产，经过历代的精化和改良形成今天的风格。英国的皮革制品总是表现出、稳重、脱俗的绅士气质。

左页图： 会客厅处处显示出屋主的收藏品，高贵且具有历史价值。

萨里是一座安静而悠闲的城市,
仿佛是伦敦的后花园一般。
古老的街道上到处都是历史悠久的建筑,
让这里告别单调,
充满艺术气息。

地上铺着仿制斑马地毯,没有任何动物比斑马的皮毛更
与众不同。斑马周身的条纹和人类的指纹一样,没有任
何两头完全相同,个性独特、野性十足。

坐标:
巴西,阿雷格里港

巴西的
豹纹野趣公寓

设计公司:阿博斯设计公司　　设计师:Henrique Steyer
文/编辑:郑亚男 宋君　　摄影:Marcelo Donadussi

公寓的室内有许多不同寻常的装饰配件,如粉红色窗帘、风格夸张的艺术品等,给公寓带来了大都市感。意大利沙发和长椅搭配古典款式的配件,再加上复古法式家具,与本项目总体上较当代的设计风格形成了和谐的互补。房间的地面上铺着几张豹皮地毯,另一边摆设着一尊大理石希腊雕像以及设置了一个镀金大门。

在客厅里,摆设了意大利制沙发和两盏台灯,桌子上放着一个 Lalique 制作的龙雕像。而在餐厅里,亚克力边桌和意大利金色高脚凳的搭配还可用作烧烤的协助家具;用餐区域的另外一个亮点便是由 Marcel Wanders 设计的造型独特的吊灯。走廊里的镀金大门旁边的墙上挂着一面样式奢华的法式古典大镜子。客厅里,深紫色皮质扶手椅与步枪造型的落地灯搭配在一起。

此标本为人造仿制标本，并非真正动物标本。

上方左图： 餐厅里的餐桌椅旁的墙上则挂着一幅 Henrique Steyer 与 Felipe Rijo 创作的"假如"系列画作，画内是换了黑肤色的英女王。

上方右图： 洗浴室里传统的木工制品为整个项目增添了独特的手工质感。洗手间的墙面更是挂满了一系列的古式镜子，从洗手台一直挂到天花板。

右页图： 金色的门，金色法式古典大镜框与镜前巨大的豹子雕塑，加强了空间奢华与怪趣的气质。

在客厅里，摆设了意大利制沙发和两盏台灯，茶几上放着一架马车的雕像。而地板上的豹纹装饰地毯与猎枪灯座呼应，强调整个空间的"野性"

左页图：现代的家居配仿生的吊灯。

右页图：古老的英式书桌上的小老虎。

上方左图： 在私人休憩室里，摆着一个高度反光的橱柜，质感如同客厅里摆放的那个家庭影院组合柜一般光亮，橱柜里收藏了许多美酒和艺术品，如巴卡拉水晶黑豹。

上方右图： 细看主人喜爱的古典家具的构建，也多是动物造型的。

左页图： 柜子中的动物形态的工艺品与玩具熊，主人的装饰无章法。

坐标：

美国，加利福尼亚，洛杉矶

加利福尼亚田园的
格雷斯通公馆

设计师：Locas Studio, Inc.
文 / 编辑：郑亚男　摄影：Sam Frost

　　我们曾给《Veranda》杂志设计了样品房的两个房间，其中之一就是这所位于洛杉矶格雷斯通的庄园。这座庄园是加利福利亚第一个石油大亨所建造的。我们用橡木原料镶了客厅的护墙板，然后还设计了旁边的露台。

　　客厅是这所大房子里舒适的港湾，我们用Ferrick Mason的手工模板印花纺织壁纸对客厅做了装饰，然后代入了更多色彩和层次的艺术品和纺织物。

纤维艺术作品在空间环境的搭配中，
内设计风格的总体导向起到非常重要的

CHARLEY
HARPER

91

上图：六幅设计作品中的每一幅既可以独立展示，又可以互相联系、任意组合，不仅适用于宁静典雅的中式家居风格，同时也更加符合现代家居的装饰理念。

右图：德国艺术家马尔库斯曾将该作品置于废旧的欧洲工业园区里进行拍摄，意在表达中式传统工艺重新勃发与西方现代工业逐渐衰败两者之间的碰撞，同时，中式的精致细腻与西式的粗犷豪放亦戏剧性地融合。作品中奢华的刺绣工艺和明亮的色彩，在艺术家马尔库斯的摄影作品中展现出了纤维艺术品特有的魅力。

飘窗下的藤编与空间的地板、
柜子、筐子互相完美契合

鸟类的工艺品点缀空间，点题
"鸟语花香"

台灯的纹样与墙纸、窗帘、家
具一致

田园风情的仿制品纹理为空间增色

自然纹路的墙纸是田园风的代表特征，细看下窗帘与墙布是一种花纹。这种花枝纹与窗外的树枝和屋内的茶几和椅子如出一辙

可收缩回去的藤编柜子，实用和装饰性很强。黑色的椅子与墙纸的花枝纹和茶几的"树枝"形状相呼应

餐具、靠垫、桌面、藤椅、花艺，处处别具用心

餐巾的选择，一丝不苟，与环境完美契合

躺椅、盆栽、矮墙，以及背后的树林美景……

镜子里映出来的风景是最美的风景画，且画的内容随着观赏者位置的不同而改变，可谓"景随步移"

本页图：古老的英式做旧蓝色镜框十分的醒目。被放置在画架上，可谓设计师的点睛之笔。镜子里映出来的风景是最美的风景画，且画的内容随着观赏者位置的不同而改变，可谓"景随步移"。

右页上图：精致的餐桌布置。

右页下图：细看下，有小鸟小花点缀其中，仿佛一场精灵的晚宴。

坐标：
中国，上海

婉约的
苏州月亮湾样板房

设计：上海九沁建筑设计有限公司　　文 / 编辑：高红

　　本案以"时尚、简约现代生活"为主题。简约不等
于简单，它是经过深思熟虑后创新得出的设计和思路的延
展，不是简单的"堆砌"和平淡的"摆放"，注重居室的
实用性，而且还体现出了工业化社会生活的精致与个性，
符合现代人的生活品位。它凝结设计师的独具匠心，既美
观又实用，体现崇尚健康自由的生活理念。

　　空间的运用及美感营造相当敏锐，以黄、白为主，局
部跳跃蓝色，凸显优悠和无拘无束生活。

　　元素：灯饰、窗帘、地毯、挂画、花艺、饰品、绿植
都突出个性及简约设计，由曲线和非对称线条构成，线条
有的柔美雅致，有的道劲而富于节奏感，整个立体形式都
与有条不紊的、有节奏的曲线融为一体，别有一番风味。
在家具配置上，白亮光系列家具，独特的光泽使家具倍感
时尚，具有舒适与美观并存的享受。在配饰上，延续了黄
蓝白灰的主色调，以简洁的造型、完美的细节，营造出时
尚前卫的感觉。

淡色的空间中，铺上一块牛皮地毯，配上花朵造型的座椅和飞鸟刺绣抱枕，在稳定空间的同时也显得个性十足。

特色的羽毛台灯

洗手间放置熏香净化空气

问与答
Q&A

Q: 关于风格定位、软装设计，是怎么构想的?

A: 家，是人们结束一天忙碌后，回来栖息停靠的港湾，是喧嚣尘世里，找到自我、回归本真的天地。拥有属于自己的家，演绎属于自己的舞台，是每个人内心深处的渴望。本案设计专为用心经营生活的三口之家度身定制，男主人是一位动物摄影师，生活中充满自然情怀，尤其在运用自然材质进行手工制作颇具心得；女主人则是一家时尚宠物店的店主，她年轻时尚活力十足又充满着爱心；可爱的女儿在父母的熏陶下，性格活泼，喜欢各种小动物。

"人与动物的自然和谐"是本案的设计主线，在暖白色的现代简约空间里，设计师运用淡绿色的花瓣椅和柠檬黄的饰品恰到好处地丰盈了整个空间，突出了自然、动物的主题。

客厅与餐厅，一气呵成，自然示人。客厅运用花瓣椅、不规则形态茶几与奶牛皮草地毯作为搭配，餐厅的挂画与餐具装饰呼应客厅，诸如此类的元素是最为接近主题的艺术构想。

主卧室以浅灰色与柔白色为主色调，在视觉上自然和谐。运用羽毛材质的吊灯及台灯与小鹿觅食等装饰场景，相映成趣，突出了本案的主题。

色彩斑斓的儿童房融合了动物世界的概念，不但让孩子喜欢，更为整个空间增添了不少俏皮和活力之感。

羽毛造型的屋顶灯和床头灯，为干净、硬朗的空间
增添一丝柔美。

儿童房内最不可以缺少的就是布绒玩偶,在床上、桌子上,甚至地板上,都能看到它的身影,各类玩偶颜色多样,可爱至极。

问与答
Q&A

上方两图：每个孩子都是个美丽的天使，挥动着翅膀来到人间，设计师在设计儿童房时运用了很多的羽毛元素，包括抱枕、挂画、床品等，就是想表达这种大爱的想法。

Q：**卧室的灯具选择羽毛材质的，有什么设计理念么？**
A：羽毛作为一种装饰性的天然材料，经过特殊工艺处理后作为装饰品由来已久。本案运用羽毛的元素能给人一种自然、朴素之感，营造主题空间氛围的温柔舒适感觉。

Q：**儿童房的设计主要用到哪些动物元素？房间的风格所表达的是什么？**
A：儿童房的设计主要运用到兔子、小熊、狗等充满灵性的动物元素，表达了人与自然从小和谐共处，创造美好生活的梦想。

Q：**最满意的软装设计是什么？**
A：如今的人们，越来越向往这种简约、自然、和谐、舒适的生活方式，当我们运用这种自然和谐的室内软装设计，无疑为整个室内空间带来别开生面的轻松快乐的新鲜体验。

动物与儿童空间

让空间瞬间变成爱丽丝的奇幻兔子洞

儿童有着自己独特的心理世界和视角，不同年龄段的孩子们有着不一样的设计。

这里的三个案例都是针对 2~6 岁这个年龄段适用的空间。覆盖从幼儿园到住宅的空间设计。

设计师将空间的墙壁绘制出各种各样的动物，像巨大的兔子、美丽的长颈鹿、优雅的鹦鹉、霸气的狮子、温柔的斑马、可爱的猫咪等。从尺度到形态到色彩，甚至到动物的表情，都做足了文章。

设计师亦在空间、灯具、家具、玩具上大显身手，在安全和卫生标准方面亦考虑周到。在二孩时代来临的此时此刻，这些案例对我们正合时宜。

坐标：
希腊，雅典

幼儿园里的动物王国
—— Nipiaki Agogi

设计公司：PROPLUSMA ARKITEKTONES
设计师：Eugenia Manta, Michail Provelengios
设计团队：Vilma Kotrokoi, Ani Krikorian, Sotiris Tseronis
摄影：Nikos Alexopoulos
文 / 编辑：高红　翻译：刘嫔
公司网址：www.arkitektones.eu

该项目位于雅典北部郊区，建筑物由石头砌成，是一座名为 Nipiaki Agogi Anna Raftopoulou 的幼儿园，目前由雅典 PROPLUSMA ARKITEKTONES 建筑设计公司对其进行整修。考虑到该建筑独特的历史身份，且是希腊战争期间一个拥有标志性建筑形式的优秀案例（最早由著名建筑师 N. Zoumpoulidis 设计），PROPLUSMA ARKITEKTONES 设计公司的主要目的是突出幼儿园园址特殊形态要素，为建筑的内部空间创造出大胆且现代的设计风格。

引用一段对该项目的项目负责人 Eugenia Manta 和 Michail Provelengios 采访的一段话："为 2-6 岁的小朋友做设计，是非常具有挑战性的工作。我们想创造这样一个空间，这样的空间可以给孩子一种犹如被拥抱的感觉，同时，宽敞的空间让孩子们在活动时可以有很好的灵活性，与孩子们的需求和他们各式各样的活动相配合。" 所以，项目的成果就变成一个独特且注重细节的设计，这样的设计充分体现了警惕性和灵敏性，同时也为孩子们营造了一种舒适愉快的环境，在安全和卫生标准方面，也是非常适合的。

用调色板中充满生气的颜色及纹理来装饰整个幼儿园的内部空间，不但能创造出一个具有生机的环境，同时在视觉方面，也能激发孩子们的想象力。设计师将空间的墙壁绘制出各种各样的动物，像巨大的兔子、美丽的长颈鹿、优雅的鹦鹉、霸气的狮子、温柔的斑马、可爱的猫咪等，将空间布置成一个动物王国，体验回到童年的感觉……

白墙、蓝地板、灰色的壁炉，一切都是干净没有杂质的颜色。

109

空间的主色调为最干净的颜色——蓝色，深蓝色的地板、水蓝色的门、浅蓝色的柜子，配上白色的墙壁，更增添了室内的明亮度，一只大兔子就在矮柜上探出脑袋，仿佛要与你交谈一样。

上图：蓝色的地板上放置几个可供儿童玩乐的舒适圆垫子，墙上绘制斑马、猫咪的图案，简单又温暖的生活区域。

右页图：设计师在书架的一侧设计成凹进去的空间，外形如豌豆一样，这是个私密的小空间，里面有一只可爱的猫咪深情地凝望着，喜爱阅读的小朋友可以坐在里面阅读。

把绘画和艺术活动引入课堂是常用的方法。
通过用不同的材料与工具画画，
来激发宝宝的语言、情感表达、艺术表现和创造性等各种能力。

优秀的手绘形神兼备，
是艺术赋环境形象以精神和生命的最高境界，
也是艺术品质和价值的体现，
更体现了人们对生活的追求。

左页四图：把绘画和艺术活动引入课堂是常用的方法。通过用不同的材料与工具画画，来激发宝宝的语言、情感表达、艺术表现和创造性等各种能力。

上图：壁炉旁画的是威风凛凛的狮子，与壁炉里面可爱的猫头鹰和泰迪熊形成鲜明的、有趣的对比。

阅读和玩耍的区域，墙上画满了孩子喜欢的古堡、星球、各种小动物、火箭等。

坐标：
德国

童趣之美
—— SPITZWALD

设计师：Philipp Zurmöhle
文 / 编辑：高红

Philipp Zurmöhle 是一名居住于德国纽伦堡的插画师和平面设计师，他花了两个星期时间用丙烯颜料和石墨笔在 Allschwil 的 Spitzwald 幼儿园创造出一幅幅具有想象力的墙面画。

画由大象、猴子、长颈鹿和夸张的人物造型等要素组成，主入口还有三个怪人拿着"欢迎"字样的牌子迎接小朋友，整个幼儿园的手绘画作创作出友好、轻松的氛围。另外值得注意的是，画作是横跨楼层的，在底楼的大象鼻子会延伸到上一层，鼻端上有接球的小怪。而长颈鹿的脖子也在楼上绕出 8 字形。

这是有些夸张的手绘，一只鹦鹉站在长颈鹿的
脖子上，长颈鹿的脖子扭曲在一起，组合成"8"
的形状，妙趣横生。

上图：长颈鹿是一种生长在非洲的反刍偶蹄动物，拉丁文名字的意思是"长着豹纹的骆驼"。它们是世界上现存最高的陆生动物。这面墙上绘画的长颈鹿的脖子像钩子一样由屋顶伸出，十分有趣。

左页图：因为长颈鹿身体的特殊性，设计师便利用屋顶将脖子掩藏起来，这样视觉冲击力更强。

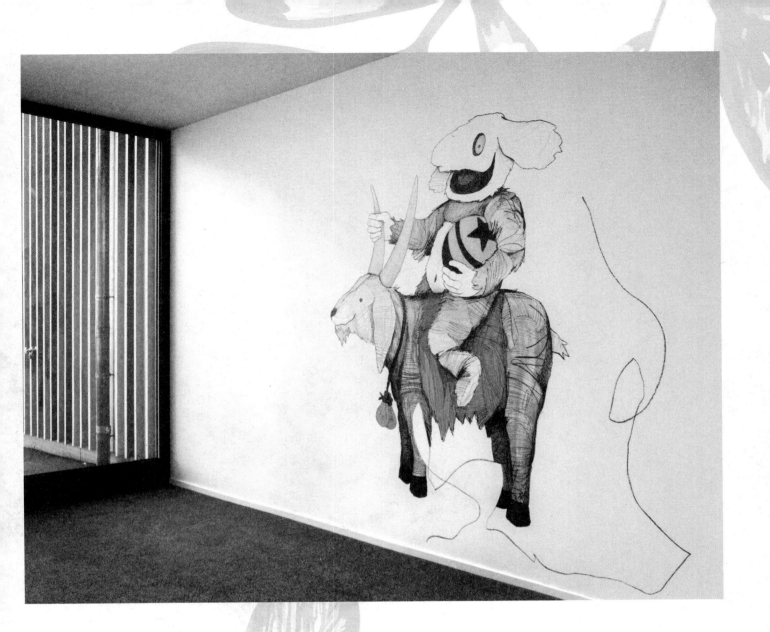

上图：抽象派的兔子骑在羊的身上，一手怀抱着黄色的星星球，一手抓着羊角，好像在说"快，我们奔跑起来……"

左页图：白色的墙面上一条活泼的鱼跃水而出。

展翅飞翔在天空中，享受着风吹过脸庞的亲近感，尽情地舒展着身体，放松自己的心灵。

上图：企鹅的身体是笨拙的，设计师却将两只企鹅画成在演杂技，第一只企鹅单脚站在球上，另一只单脚站在第一只的肩膀上，展翅高呼，好像在说："看，我们也能活泼地舞蹈了。"

左页图：在动物的王国里，大象是不可缺少的宠儿，性情温和、坚实可靠、长相憨厚都是它的优点。

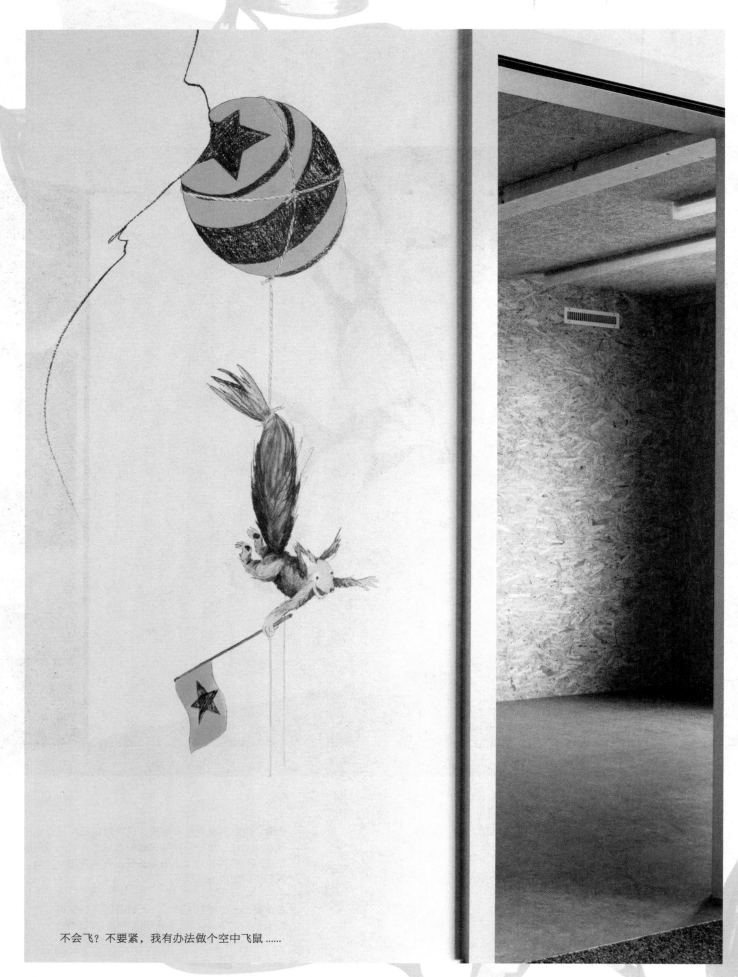

不会飞？不要紧，我有办法做个空中飞鼠……

欢迎来这里享受你的美好时光……

充满童趣意味的小球……

坐标：
法国

奇幻风格的少男少女房
——远古的未来

设计师：Heather French, Matt French
文 / 编辑：郑亚男 宋君
摄影：Bill Stengel, Christopher Martinez

　　这个大空间的儿童卧室是由French and French Interiors为2014年"圣
达菲展示屋"而设计的，主题为"远古的未来。"作为一个慈善组织，圣达菲展示
屋专门为儿童艺术项目募集资金。2014年，该组织共募得善款5.4万美元。在活
动中会分派给每位设计师一个房间，根据主题进行设计。

　　分派给French and French Interiors的夫妻档的是少男少女套房。该房
间空间很大，需要一个庞大奢华的设计，因为从阳台可以俯瞰一个直升机停机
坪、奥运会标准规模的泳池以及圣达菲的迷人景色。

这是一个光线充足、颜色鲜亮并点缀着有趣艺术品的
儿童卧室。其他艺术品来自 Lori Swartz。
在寝具的特写镜头中，我们可以看到质地柔软并带有
奶油色流苏的毛毯以及数个枕头。一只可爱的复古式
泰迪熊则端坐在枕头之中。

上图： 游戏桌上简易的木质和纸质玩具。

右页图： 金属材质的抽屉有着钉头镶边，这种镶边赋予了它工业化的气息。从这张照片，我们可以看到青铜犀牛雕塑及其背后的画的细节。

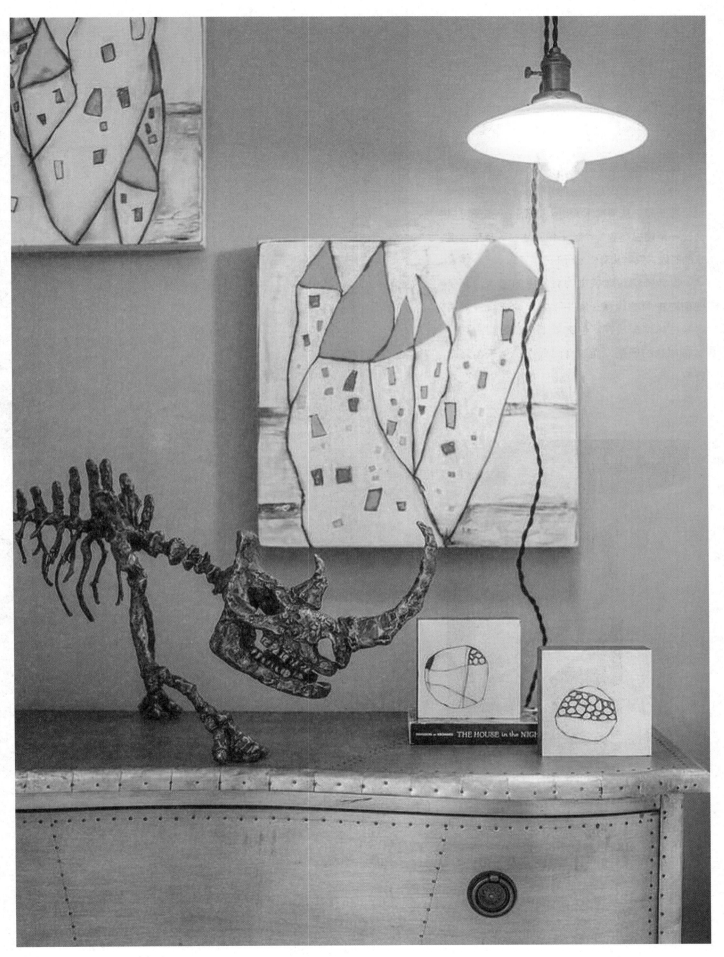

设计师是为 5 岁儿童而设计的这个房间，而整个房间最受老少欢迎的地方在于把滑梯与壁橱结合在一起。从滑梯下方进入之后，小孩子可以通过一个矮梯爬到一个读书角和平台。从里边出来的时候，只需从滑梯上滑下来就可以。

设计师切实地感觉到房间里的艺术饱含了他们对主题的诠释：犀牛和大象的浇铸式青铜骨架在床两侧放置。你会爱上儿童卧室中这一富有创意的场景，而该房间募得了上千美元的善款。

本页图：一个光线充足、颜色鲜亮并点缀着有趣艺术品的儿童卧室。其他艺术品来自 Lori Swartz。床背后的床头板与被单为同一款式的条纹。床左侧的抽屉柜是充满工业化气息的金属风格，而床右侧的床头柜则是天然原木材料。青铜材质的犀牛和大象骨架分别摆放在抽屉柜和床头柜的上边。

左页图：游戏桌上的灯具要显得更为现代化，采用青铜作为装饰。从这个角度看，壁橱的滑梯及其背后的蓝色爬梯更加清晰可见。

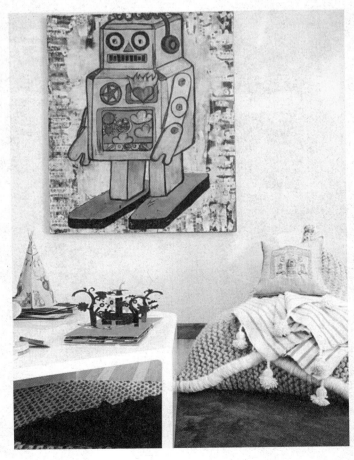

上方左图：从这个角度，我们可以看到粗麻布枕头以及被当做茶几用的织纹球。

上方右图：趣味十足的鸟巢灯。

右图：颇具现代风格的白色游戏桌旁立着一把柔软而又很有质感的读书椅。一大张布编和一条柔软条纹毛毯共同营造出一个舒心的小角落。机器人挂画来自 Nigel Conway，此挂画点题"未来"。

左页图：布艺玩偶。

动物多 门店旺

让枯燥的门后瞬间生动起来

　　动物的形象特别容易为商业店面"招财"，恰当的动物形象，能第一时间吸引到过往的客人，因此动物的形象是很多商业门头、店铺最钟爱的装饰形象。这些动物或者尺度大，或者形态夸张，或者工艺奇特，或者色泽艳丽，或者主题另类，或者寓意深刻 ……… 其中不乏艺术大师创作的作品。

　　我们在这里甄选出几个动物运用较多的特色空间，看看装置，看看商品，看看与空间一样具有灵气的店主们，顺便看看他们不一样的设计故事，也是趣事一桩。

坐标：
英国，伦敦

BIRDS
——橱窗的动物魔法

设计师：Makerie Studio
文 / 编辑：高红
摄影师：Melvyn Vincent

这是伦敦街头瑞士手表的夏日橱窗展示作品，设计师创造出了真实大小的彩色纸喜鹊，几十只的喜鹊都是用各色的纸制作出来的。它们姿态各异，有趣极了。有的欲展翅飞翔、有的低头用嘴当梳子，整理自己的羽毛。橱窗中的所有鸟笼里仿佛都传出画眉的啼鸣，有的悠忽，如潺潺的溪水在流淌；有的高昂，好像古筝在弹奏；有的舒曼，仿佛是月下的洞箫呜呜咽咽；有的粗犷，犹如木叶声声。这是一种纯粹、原始的音乐，使人感到忘我的境界，像一场群鸟盛宴。鸟笼的材质是金属的，散发着金属的特有质感，超大的尺寸也是设计的一大亮点。喜鹊和宝贵的手表，带着超大号的鸟笼及含在嘴里的钥匙，组成一幅生动、完美的画面。这个主题已被多次展示给大众，包括伦敦骑士桥店的开幕和春季摄政街的收藏品展示，喜鹊与新系列的手表相结合，是最完美的诠释。

THE WORLD'S MOST IRRESISTIBLE SELECTION OF LUXURY WATCHES

HUBLOT

IWC
SCHAFFHAUSEN

TUDOR

TAGHeuer

JAEGER-LECOULTRE

PIAGET

Cartier

本页图： 优雅富有创造力的橱窗展示。

左页图： 蓝色的纸艺喜鹊。

喜鹊翻初旦，愁鸢蹲落景。

终日望君君不至，举头闻鹊喜。

牧童弄笛炊烟起，采女谣歌喜鹊鸣。

繁星如珠洒玉盘，喜鹊梭织喜相连。

——唐·苏轼《喜鹊》

上图： 设计师设计的这款为雄性。雄性的头、颈、背和尾上覆羽辉黑色，后头及后颈稍沾紫，背部稍沾蓝绿色；肩羽纯白色；腰灰色和白色相杂状。翅黑色，初级飞羽内翈具大形白斑，外翈及羽端黑色沾蓝绿光泽；次级飞羽黑色具深蓝色光泽。尾羽黑色，具深绿色光泽，末端具紫红色和深蓝绿色宽带。颏、喉和胸黑色，喉部羽有时具白色轴纹；上腹和胁纯白色；下腹和覆腿羽污黑色；腋羽和翅下覆羽淡白色。

左页图： 静落在树枝上的喜鹊，背上的羽毛像蓝色的外衣，尾巴是黑色的，像一把半开的扇子，一对爪子紧紧抓着"树枝"。仿佛它的清脆鸣叫，就会给人一种喜悦振奋的感觉。

宋代欧阳修赋诗对喜鹊赞道：

"鲜鲜毛羽耀明辉，红粉墙头绿树林；

日暖风轻言语软，应将喜报主人知。"

上图：人类活动越多的地方，喜鹊种群的数量往往也就越多，而在人迹罕至的密林中则难见该物种的身影。喜鹊常结成大群成对活动，白天在旷野农田觅食，夜间在高大乔木的顶端栖息。 喜鹊是很有人缘的鸟类之一，喜欢把巢筑在民宅旁的大树上，在居民点附近活动。

左页四图：设计师用纸将喜鹊创作得惟妙惟肖，神态各异。

坐标：
中国，重庆

SO.SO咖啡吧
—— 休闲集中营

设计师：杜宏毅 郭翼　文/编辑：高红

　　本项目是集合了咖啡、简餐、台球、棋牌一体的复合型咖啡吧，是个可以一个人安静地品咖啡，或者约上三五好友聚会放松的场所，这里为客人提供了多种的休闲方式。

　　项目原结构处于平街夹层，一进门便下梯子非常别扭。所以设计上先是在整个入门内区域搭建一整条平台来达到里外合一的感觉，同时又加强了人流动线的引导，而且内部空间又显得高低错落有层次。整个结构通过回廊式的空间布局恰到好处地把各个区域划分开来，同时又相互贯通融为一体。

　　由于资金有限，在造型上几乎不可能做太多的文章，但又要烘托出咖啡吧的氛围，所以在灯光和软装上就必须花费更多的精力。墙面大量使用了艺术家的作品（艺术家授权的复制品），各种有趣的形象大大增加了空间的趣味性。材料的质感表达上尽可能地做旧，旧得有痕迹，旧得让人第一眼看见就觉得这是一个有一定年份的空间。"

工业风十足的餐饮咖啡吧

TIPS

设计师: 杜宏毅

重庆亦景太阁室内设计有限公司（合伙人）设计总监
毕业于四川美术学院93级油画系
德国包豪斯大学建筑设计专业
重庆艺术工程职业学院艺术设计学院副院长
教授、高级工程师
中国建筑学会室内设计分会(CIID)19专委副秘书长

设计师: 郭 翼

重庆亦景太阁室内设计有限公司（合伙人）设计副总监
毕业于四川美术学院室内设计专业
中国建筑学会室内设计分会(CIID)会员
注册高级室内设计师

远远望去，成排的灯具和沙发规整但却不单调。

本页图：鹿头在阳光的照射下留下一抹难忘的影子，再配上蕨类植物，仿佛让人闻到了沙漠的气息。

左页上图：空间到处都是硬朗的软装艺术，铁艺的隔断和灯、灰色的水泥地、褐色的皮沙发，意在打造十足的工业风咖啡吧。

左页下图：花束是美学必不可少的元素。

约上几个好友，在这里边聊天边品茶。

生活中的"废物"，也可以变成宝，只要我们有双善于发现艺术的眼睛。

像这幅画一样，美的东西是被所有人认可的。

照射在墙上的灯光，为客人点亮眼睛。

娱乐区放置两张台球桌,墙上的骏马将
这里赋予一种野性美。

Q: 将咖啡、简餐、台球、棋牌合为一体的模式,是从哪点出发考虑的?

A: 当今的餐饮消费方式已经发生了一些变化,特别是年轻消费者对空间功能的多元化有更多的要求。顾客在用完餐后通常会有第二场休闲娱乐的安排,在不需应付转场以及酒驾等诸多麻烦的前提下,把其他娱乐消费方式融入餐饮空间是一种趋势。

Q: 墙上挂的动物画作,是为了符合这个咖啡馆主题特意画的么?

A: 绘画作品是整个空间的特色和亮点,虽然不是专门为这个空间而创作的,但这些艺术品迎合了当今都市人群对童真时代和简单生活的向往,而且趣味生动的画面也为 loft 风格的空间增添了不同的色调和

蓬勃的生命力。

Q: 您对空间软装的应用有什么心得可以分享么?

A: 现在市场上充斥着千篇一律的套路化的软装风格,这种设计思路不会走太远,因为它没有自己独特的生命力。由于我在艺术院校任职,认识而且了解很多青年艺术家,因此我在空间设计中喜欢采用他们的作品,把艺术融入到空间,最终达到自成一体的软装设计风格。

Q: 您的空间整体风格是怎么定位的?

A: 没有绝对的定位。坚持自己的一贯设计理念,不一味追寻、逢迎市场的喜好,把对生命的感悟与项目诉求完美融合在一起。

上图： 暗色系咖啡馆里的两个蓝色咖啡椅，提亮了整体
空间色彩。

右页图： 特殊的圆形挂画将空间布置得艺术感十足。

坐标：
中国，大连

北极冰吧

—— 硬装软装都是冰的酒吧

设计公司：鱼京设计（大连）有限公司
文 / 编辑：郑亚男

　　在北极，旧称爱斯基摩人的因纽特人，世代住在冰屋内。北极地区天气酷冷，终年只有很短的时间气温高过 0℃。冬天是漫长、寒冷和黑暗的，每年从 11 月开始有近半年时间处于极夜的黑暗中，温度会降到 -50℃ 左右；到 4 月天气慢慢转暖，冰雪逐渐消融，此时进入极昼。面对恶劣的气候，勤劳勇敢的因纽特人就地取材，采用一种原始方式建造了奇特的圆顶"冰屋"，以抵御凛冽刺骨的暴风雪，度过漫漫寒冬。

　　在漫长的严冬里，因纽特人的冰雪屋内通常点着海豹灯，以供照明，在盆状岩石中点燃海豹油篝火取暖。虽然屋内有火，但热量不会将冰雪屋融化。刚开始时，热量能够将雪砖表面融化一些，但仅一小薄层而已，随即就慢慢冻结成一层光滑结实的冰壳，火的热量再也不能融化冰壳及冰壳外的雪砖了。据不少北极探险家报道，这种传统房子即使屋外气温达到 -50℃，屋内的人却可以不穿毛衣。

　　今天我们要介绍的这个冰屋，虽然叫"北极冰吧"，但却并不在北极，而是位于盎然春意萌动的大连，建造在大连鲸 MALL 地下一层。

N-ICE BAR
DA LIAN

本页图： 冰吧内不乏动物形象的冰雕塑，北极熊，企鹅，卡通形象的动物都很多。

除去地板和天花，

冰吧里面墙壁是冰做的，

其他的家具、隔断、桌子、凳子都是冰做的，

就连喝水的小杯子也是冰做的，

这种杯子怕是不用洗，

用过了直接拿出去融化成了水，

极为环保……

N-ICE BAR
DA LIAN

冰吧（ICE BAR），顾名思义即为以纯冰打造的创意酒吧。而这处冰吧的内环境创意源自北极光，通透的冰块仿佛清澈的夜空，绚丽多变的灯光模仿绮丽炫目的北极光。

冰吧触目所及都是冰，打造了一个晶莹剔透的冰雪城堡。冰吧里面有冰雕的雪地犬，冰雕的北极熊，冰雕的企鹅们，有时候会产生遐想，若把真的企鹅放进来，怕这种低温企鹅也会很享受呢。此冰吧不同于寿命短暂的冰雕展，为了不让冰块融化，这里长年维持在 -6℃，全年对外开放。晶莹的冰凌、极美的造景，在或白或蓝的两组灯光下，仿佛置身于瑞典北部尤卡斯耶尔维的冬季仙境，收获了一个寒冷的感官体验。当你穿着厚厚的羽绒服，在 -6℃的冰雪城堡里用着冰做的小酒杯细品伏特加，有没有身处北极爱斯基摩冰屋错觉？！

野性的呼唤
——动物主题的室内外设计

文：甄影博　编辑：郑亚男

《圣经·创世纪》中这样描述："上帝在人之前创世的第五天，创造了动物，但却没有为它们命名。直到第六天，上帝按照自己的形象创造了亚当之后，他把动物带到亚当面前，他把它们带到男人的身边，是为了看看他给它们起了什么名字。"人们以此作为动物与人从属关系的根据，这决定了人们对待动物的思维方式。17 世纪笛卡尔认为动物只是一架自动机的观点，强化了对动物认识的误解。认为动物没有灵魂，是僵死的物体而不是活的，这一误解导致人在对待动物时按照人的意愿为所欲为。近两个世纪以来人们利用科学知识与工业技术的进步，将动物完全置于前所未有的大规模的征服和掌控之下。那些现代化的化学实验、基因工程等的征服手段残忍程度远远超过了

狩猎、献祭、驯化、运输和耕种等传统的方式。

但并非无人对此反思，一百多年前美国作家梭罗（Thoreau）提出："我们所谓的荒野，其实是一个比人类文明更高级的文明。"杰克·伦敦在他的小说《野性的呼唤》中，通过对一条名为巴克（Buck）的狗由于种种原因逐渐从人类文明社会最终走向狼群、回归自然的故事，流露了对"人类中心主义"的批判。1923 年人道主义者阿尔贝特施·韦泽 (Albert Schweizter) 提出"敬畏生命"的伦理观。在他的《文明与伦理》中指出："善的本质是保持生命、促进生命，使可发展的生命实现其最高的 价值；恶的本质是毁灭生命，伤害生命，阻止生命的发展。"在他看来，一个人只有当他把所有的生命都视为神圣的，

把植物和动物视为他的同胞，并尽其所能去帮助所有需要帮助的生命的时候，他才是有道德的。亨利·塞尔特（H·S·Salt）在《动物权利与社会进步》一书中提出了他的观点："如果人类拥有生存权和自由权，那么动物也拥有。"澳大利亚哲学家彼得·辛格（Peter Singer）继承了功利主义的传统，他认为快乐是一种内在的善，痛苦是一种内在的恶。"如果一个存在物能够感受苦乐，那么拒绝关心它的苦乐就没有道德上的合理性。不管一个存在物的本性如何，平等原则都要求我们把它的苦乐看得和其他存在物的苦乐同样重要。"美国哲学家汤姆·雷根（Tom Regan）认为："只有假定动物也拥有权利，我们才能从根本上杜绝人类对动物的无谓伤害。"因而，动物也拥有值得我们予以尊重的天赋价值。动物身上的这种价值赋予了它们一种道德权利，即不遭受不应遭受的痛苦权利。它们的这种权利决定了我们不仅仅把它们当作一种促进我们福利的工具来对待；相反，我们应以一种尊重它们身上的天赋价值的方式来对待它们。

当下面对遭到严重破坏的环境和日益减少的物种，人们终于尝到人类中心主义的恶果，开始对动物和人之间的关系重新思索，开始行动起来。在动物保护主义者们的呼吁下，在世界范围内开辟自然保护区、倡导素食主义、反对虐待动物等。人们开始渴望跟动物亲密而和谐的共处。在很多地方都能看到人和动物和谐相处的画面，在巴黎经常看见人们带着他们的动物伙伴狗或者猫一起乘坐公共交通工具；在新德里随处可以看见猴子在人群中自由来去，甚至栖居在政府大厦；英国的布里斯托尔，全城估计有200多只狐狸，分住全市各角落特设的小棚中，经常在树荫下跟市民们玩耍；尼泊尔的加德满都街头到处都是懒洋洋的流浪狗在太阳下打盹儿，尽管人们并不富裕但仍有食物提供给它们，看不见嫌弃和虐待。

而当代设计师们开始考虑在室内外建筑设计中引入动物元素时，最先出现的常见于人类宠物的带入，如猫、狗、兔子、鸟之类的较温顺也愿意信任人的动物。日本的一家连锁猫咪咖啡厅——"猫カフェ MoCHA"就是一个优秀的案例，温馨的猫主题装饰以及精美的猫主题餐食，加上20只被收留的流浪猫不定时出没，为爱猫人士提供了一个可以尽情观察、抚摸、逗弄这些骄傲、柔软的小家伙的舒适空间。更重要的是为这些走进城市，远离自然的生灵提供一个安全的庇护所，在某种程度上算是对它们的补偿，和为缓和人与动物的关系尽些微薄的努力。

亦有一些咖啡厅和休闲的空间，将一些美丽的鸟儿养在里面。作为空间的焦点，给原本安静沉闷的空气带来一些灵动和飞越。也给在这个空间中休憩的人们一个人与鸟儿亲昵的机会。

更大胆的尝试，是将野生动物引入人居空间，如肯尼亚的长颈鹿庄园（Giraffe Manor），这是世界上唯一一家以长颈鹿为主题的酒店。老式苏格兰狩猎屋，藤蔓交织的外墙似乎在述说着曾经悠远的岁月时光。游客们入住酒店期间可以与长颈鹿亲密接触，孩子可以亲手喂养高大又可爱的长颈鹿，

你可能会经历跟长颈鹿一起分享早餐的奇特体验。这种体验对今天的人们来讲太过珍贵，动物们的善意会治愈因远离自然而孤独、古怪的人们，唤醒我们灵魂深处的对动物的爱和尊重。就算我们暂时不能把荒野还给这些可敬的生灵，但也能让我们跟它们和谐相处的愿望显得不那么难以实现和遥远。而澳大利亚的贾马拉野生动物度假酒店（Jamala Wildlife Lodge）走得更远，客人们可以与棕熊共浴、与狮子共进晚餐。

中国大连的"鲸咖啡"是一家以海洋为主题的咖啡厅，它位于星海公园内，旁边是圣亚海洋世界。这里曾经是在海洋馆中表演的鲸鱼们的后台，原来是一座黑漆漆的厂房，同时也是囚禁它们的地方。这家咖啡厅的建造，改善了原来它们的生存空间，给它们漆黑的后台点一盏明灯，生活添了些许乐趣。它们可以在闲暇时间与咖啡厅中的大人和孩子们互动，人们也能更近距离了解它们的喜怒哀乐。尽管暂时还没有解决根本性问题，但也算是给这些被迫离开深邃大海的伟大生灵一些力所能及的帮助。

当然我们在通过室内外设计拉近与动物的距离的同时，还是有很多伴随而来的问题，比如卫生问题，要十分谨慎对待人和动物的共生疾病传染的可能性，所以在人与动物进行亲密接触时要做好消毒和免疫工作。还有野生动物会袭击人的可能性也要纳入考虑。更要紧的是避免商业利益的驱使，人为地捕捉动物，这与我们的初衷是背道而驰的。

丛林、海洋、草原和其中千姿百态的生灵是我们人类曾经无比熟悉和深爱的，可是当我们离开它们，住进钢筋混凝土搭建的城市，它们变成了似幻似真的梦。这些以保护动物为动机的动物主题的室内外建筑设计为人们与动物和谐相处提供了一种解决方案，让我们可以在冰冷的工业世界里看到一丝"归家"的光亮。

NEW ART

插画：Creartive Visual Agency

新艺术 >>>

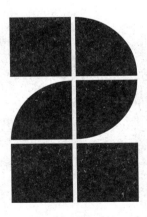

NEW ART 新艺术 >>>2.1

技艺

瞬间把人带入奇异世界的动物陈设

奇幻“动物家具”—— 限量版手工大型动物椅
黑色魅力布雕塑 —— 定制艺术
七彩活力纸雕塑 —— 飞鸟集 BIRD
梦幻的编织装置 —— 锦鲤灯 KOI
奇异的编织装置 —— 象落地灯 ELEPHANT

奇幻"动物家具"

——限量版手工大型动物椅

设计师：Máximo Riera   文 / 编辑：高红

"动物椅子系列"由多个动物造型构成，包括哺乳动物、爬行动物、昆虫造型等。这是个动物王国的再现，设计的目的是为了反映和捕捉居住在地球上每一个生物的自然美。

设计师 Máximo Riera 从事创作 30 多年，创作出了很多让人印象深刻的动物造型椅子，每款只出 20 个限量版。价格从 35000 英镑到 65000 英镑不等。虽然昂贵但却是精品，历经手工耗时 170 小时，机器加工 190 小时。无论是材料还是手工艺，它都是值得拥有的艺术品。

本页图：紫色的犀牛造型椅。

左页图：在街头突然出现了象妈妈和象宝宝，感觉像是自然与都市的瞬间穿越。

动物造型椅系列全家福，每款都是经典。

章鱼造型椅 Octopus Maldives
章鱼造型椅是这个系列的第一个作品。在尊重动物实体的同时又完美地
融合造型与功能，就像人与自然的和谐共存，相互平等。
规格
材料：聚氨酯(PU)
内部框架：钢
宽：130 cm
高：129 cm
长：174 cm
重量：65 kg

河马造型椅 Hippos
河马是淡水物种中最大型的杂食性半水生哺乳类动物，拥有奇特的筒状躯干，是世界上最激进的和不可预测的生物之一。其巨大的尺寸和体积极为惊人，为了制作出河马的真实大小，设计师将椅身分为几段并拼凑起来制作而成。
规格
材料：聚氨酯(PU)
内部框架：钢
宽：109 cm
高：140 cm
长：297 cm
重量：90kg

大象造型椅 Elephant Gallery
大象是最大的陆地哺乳动物，有极好的记忆力和出色的智慧。颜色各异、大小不同的大象造型椅被应用在各种场合里，艺术家将有关印度文化的纹样和造型雕刻在椅子上，将大象引入生活也是为了让人们不会遗忘它的独特与神秘性。
规格：
材料：聚氨酯(PU)
内部框架：钢
宽：167 cm
高：230 cm
长：297 cm
重量：125 kg

万象更新的"象"，谐音"祥"和"相"。

古人云："太平有象"，寓意"吉祥如意"和"出将入相"。

大象，优雅的巨人，智慧与力量的完美结合！

大象是世界上现存最大的陆地栖息群居性哺乳动物，通常以家族为单位活动。大象的皮层很厚，但皮层褶皱间的皮肤很薄，因此常用泥土浴的方式防止蚊虫叮咬。象牙是防御敌人的重要武器。它们的主要外部特征为柔韧而肌肉发达的长鼻，具缠卷的功能，是大象自卫和取食的有力工具。

犀牛造型椅 Rhino cote d'azur
犀牛是世界上最大的奇蹄目动物，因全身披以铠甲似的
厚皮，所以其造型的椅子更像是一个宝座。它内部由框
架支撑其体重，增强平衡。

规格
材料：聚氨酯(PU)
内部框架：钢
宽：88 cm
高：155 cm
长：171 cm
重量：115 kg

犀牛体肥笨拙，有许多独特的外貌特征：异常粗笨的躯体、短柱般的四肢、庞大的头部、全身披以铠甲似的厚皮，吻部上面长有单角或双角，还有生于头两侧的一对小眼睛。它们虽然躯体庞大（其中白犀是仅次于象的第二大陆生动物）、相貌丑陋，但仍能以相当快的速度行走或奔跑。

坐标:
意大利,米兰

黑色魅力布雕塑
——定制艺术

设计师: Maarten Kolk & Guus Kusters
文 / 编辑: 高红

该设计是 Maarten Kolk & Guus Kusters 工作室为意大利纺织品牌 Rubelli 所做的一系列鸟类典藏,并在 2012 年参加了米兰设计周。

该系列共有 13 个不同品种,如天鹅、鹳鸟、苍鹭、灰林、麦鸡和乌鸦等,并使用到了 Rubelli 所有质地的面料。

该系列鸟类典藏是设计师通过观察、记录和分析鸟类习性设计的。设计师也因此学习到了很多关于土地、水、植物和动物相关的知识。设计师希望通过这次的设计,体现出纺织品的特点,同时也唤起人们对这些鸟类的保护意识。

创作时不用在乎布料的纹理和垂下来的布丝,就让它随意的四处飞扬,就像鸟的羽毛一样。

设计师打造的天鹅造型，它的颈子高高的，胸脯挺挺的，仿佛是破浪前进的船头；它的身子向前倾着，愈向后就愈挺起，就像是船舡；尾巴就是真正的船舵，脚就是宽阔的船桨，翅膀就是微微鼓起的船帆。天鹅就是一艘活的游艇，在湖面上优雅地游弋。

上方两图： 打造的鹦鹉造型真可爱，头上弯弯的几根羽毛，尖尖的小嘴，胖胖的身子，后面还拖着一条扇子似的尾巴，一身羽毛光滑漂亮。

右图： 昂着黑色的小脑袋，长着一把齿似的嘴巴，挺着胸膛，翘着小尾巴，站在这里，像一位尊贵的先生。

右页图： 设计师用黑色的布料和粉色的珠针塑造的鸟类造型。

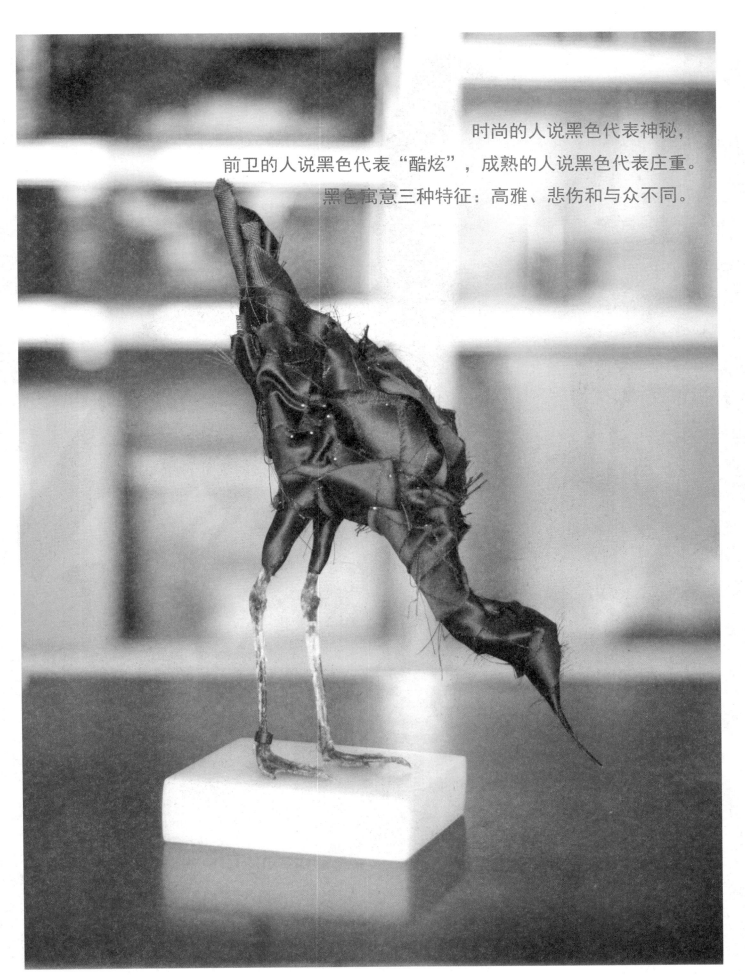

时尚的人说黑色代表神秘，
前卫的人说黑色代表"酷炫"，成熟的人说黑色代表庄重。
黑色寓意三种特征：高雅、悲伤和与众不同。

上图： 制作台上的艺术品憨态可掬，好像还能让人想象得到他走路时不慌不忙、摇摇摆摆、呆头呆脑的样子。

左页图： 灿烂的羽毛，在夕阳的余晖下，像浮着一簇簇花环。它们经常结伴而行，一起下河嬉水，一起觅食，它们从不争吵，友爱相处。

坐标:
哥伦比亚

七彩活力纸雕塑
——飞鸟集

设计师: Diana Beltran herrera
文 / 编辑: 高红
摄影: Victoria Holguin and Diana Beltran Herrera

Diana Beltran Herrera 是一个艺术家, 她将普通材料线、纸板、塑料和纸, 作为她的主要原始材料进行创作。2010 年, 工业设计毕业的 Diana Beltran Herrera 决定为人与自然的关系做一些贡献, 于是她开始研究身边日常生活和工作中能够用到的所有材料, 将其制成艺术品。作品在全世界展出, 包括欧洲、亚洲等地, 她每期创作的主题不同, 最广泛的系列是鸟、昆虫、鱼和植物类。与其合作的人也都是艺术界的佼佼者, 她的作品是将不同元素融合成一个整体的作品。

Diana Beltran Herrera 通过对蜂鸟、天鹅、鹦鹉和其他鸟类的细心观察, 结合高超的剪纸技艺, 为我们制作了这些惟妙惟肖、生动逼真的纸鸟。

顾名思义, 纸雕塑就是使用普通的纸张进行"雕塑"创作, 严格意义上讲, 中国的剪纸也可以被称为纸雕, Diana Beltran Herrera 擅长"雕刻"各种鸟类, 这些鸟类形态各异、色彩艳丽, 如果你不仔细看会误以为其是真鸟, 但是却比真鸟更有活力。

写实手法的白脸山雀和花朵

上图： 重彩而不愿其浓艳，纤巧细腻处露工笔花鸟之风。
眼以墨点出，炯炯有神。喙及胫爪极为生动准确。

右页图： 仿佛一只蜂鸟刚从莲池上飞到岸边，正在展开双
翼，展开尾羽，抖落身上的水珠。

金色翠鸟

鹮

美洲红鹮

啄木鸟

白画眉

翠鸟

纯色，彩色，
在艺术家的手中，都能运用自如。
颜色真实又提炼还原成艺术的自然，
富有巨大的感染力。

白脸山雀

蜂鸟

蜂鸟

蜂鸟

白画眉

蓝色北美鸟　　红麻雀

画眉　　红麻雀

196

或写实，或写意；
或静立，或展翅；
或唯美，或俏皮。
艺术家用一些"纸"片，再现了一个美妙无比的飞鸟天堂。

写意手法的白脸山雀

坐标:
西班牙

梦幻的编织装置
——KOI锦鲤灯

设计: LZF Lamps

文/编辑: 高红　摄影: Santiago Relanzón

锦鲤灯是由木头组成的一条巨型鲤鱼, 拥有非常壮观的灯光结构, 一半是灯, 一半是雕塑。

LZF Lamps, 这家位于瓦伦西亚的公司, 自创立以来, 就与手工技艺和木料制品有关联, 这次的创新灯具系列, 必将吸引最具鉴赏品位的买家注意力。

基于 Inocuo TheSign 设计工作室所制造的特点, 自 2009 年的穿山甲落地灯开始, 锦鲤落地灯成为 LZF Lab 灯具设计工作室运行时间最长的一个项目。这个项目的灵感来自于其所制造的交错的木头系统和其生产的透明胶片被点亮的瞬间。木板重叠时,

状如鱼鳞片, 所以该系统得名"锦鲤织布", 被用于制造透光墙。

2010 年, 该织布被转变成了制作动物的表皮, 在一部动态影像电影制作中, 用于以灯光为能源的木制鲤鱼。将织布转变成为鱼鳞片, 以灯光为能源的鲤鱼, 还有很多来自 LZF Lab 灯具设计生产工作室的材料。终于在 2013 年, 锦鲤灯成功与大家见面。如果没有此工匠艺术家, Inocuo TheSign 设计工作室和电影"锦鲤"的创造者之间的合作, 这样长的一个过程就不会实现。成果是一个纯手工制作的艺术作品, 它从头到尾有 3 米多。锦鲤落地灯是木质框架结构, 用来支撑由许多小薄木片组成的表皮。

鱼儿在水中尽情地游弋着，像一个舞者不断地变幻着曼妙的
身姿；它美丽的尾巴就像飘逸的裙摆，在水中优美地舞动；
它有时又像一个调皮的孩子，悄悄躲在水草里面，跟你玩起
了捉迷藏。

上图： 一场盛宴需要奢华的软装来搭配，这款巨大的鱼灯便是最佳的选择。

右页图： 每次，展览设计师都将巨大的"鱼"分成几份来运输，"鱼头"一份、"鱼身"一份、"鱼尾"一份、"鱼鳍"一份。它们分别被装在大大的木箱里，到了展会上，组装也是个浩大的工程，但对于这件艺术品，一切都是值得的。

　　Life-Size 灯具系列的故事始于几年以前，Mariví 和 Sandro 着手研究一种通过使用重叠薄木片矩形方块使光漫反射的新方法。他们随后举办了一个展出，使用了 4000 多块木料组成的发光墙壁。这些墙壁的效果使人联想起鱼的鳞片，因此这种效果被称为"锦鲤结构"。

　　随后在纽约，LZF Lamps 的创意团队与 Inocuo The Sign 合作，受 Mariví 和她在 LZF 公司的团队热情设计的半透明鱼鳞构造的启发，一部运动图形设计电影再现了一条三维锦鲤。LZF Lamps 的创意团队说："在好几十幅草图之后，锦鲤开始有了可辨认的形状。2011 年米兰国际灯展的电影展示上，我们爱上了 Inocuo The Sign 公司创造的这一形象，因此下一步是理所应当的：我们试着对电影片段中的锦鲤形象进行再创造，设计一些有形的、实物大小的发光漂浮灯具装置。"

本页图：好的作品既可以让人享受奢华的场景，又可以融合到平淡的空间，经受得住时间和空间的考验。

左页图：一场饕餮盛宴正在举行，讲求的是艺术的氛围和视觉上的享受。

坐标:
西班牙

奇异的编织装置

——大象落地灯ELEPHANT

设计: Isidro Ferrer& LZF Lab
文 / 编辑: 高红 摄影: Santiago Relanzón

La LZF Lamps,是西班牙一家专业生产薄木片灯具的公司,其作品是在意大利米兰国际灯展上展出的新的合作灯具系列。这一雕刻灯具系列来自于 LZF Lamp 公司 Isidro Ferrer 的合作,是艺术家和工匠展开跨领域的协作与突破创新的成果。

大象是设计师选择的另外一种做光雕的趣味动物造型。像真实的大象那样,它有大大的耳朵,长长的鼻子,壮壮的大象腿,及站起来能有 1.5 米的高高的身躯。

由设计师 Isidro Ferrer 进行创作,灯具设计生产工作室 LZF Lab 再次运用了 Manolo Martin 工匠的经验。如同他对鱼的处理一样,Manolo 习惯于运用"vareta"技术去塑造组成大象身体和头的三个球体。心脏位于整个雕塑的中心,其光芒通过一种自然的薄木内衬散发出来。

本页图： 像"爱丽丝梦游仙境"一样，这个大象落地灯好像不小心进入了另一个时空，与动物为伴，寻找着属于它自己的快乐。

左页图： 大象灯身高 1.5 米，上身由木条编制而成，灯光从里面可以透出来，分成了三个均等的椭圆形。象腿、象鼻、象耳则是由纯实木打造而成的，整体可爱又不失大气。

黑暗中的灯光，是最温暖最难忘的，
驱散了不安、寒冷，带来了希望和期盼。

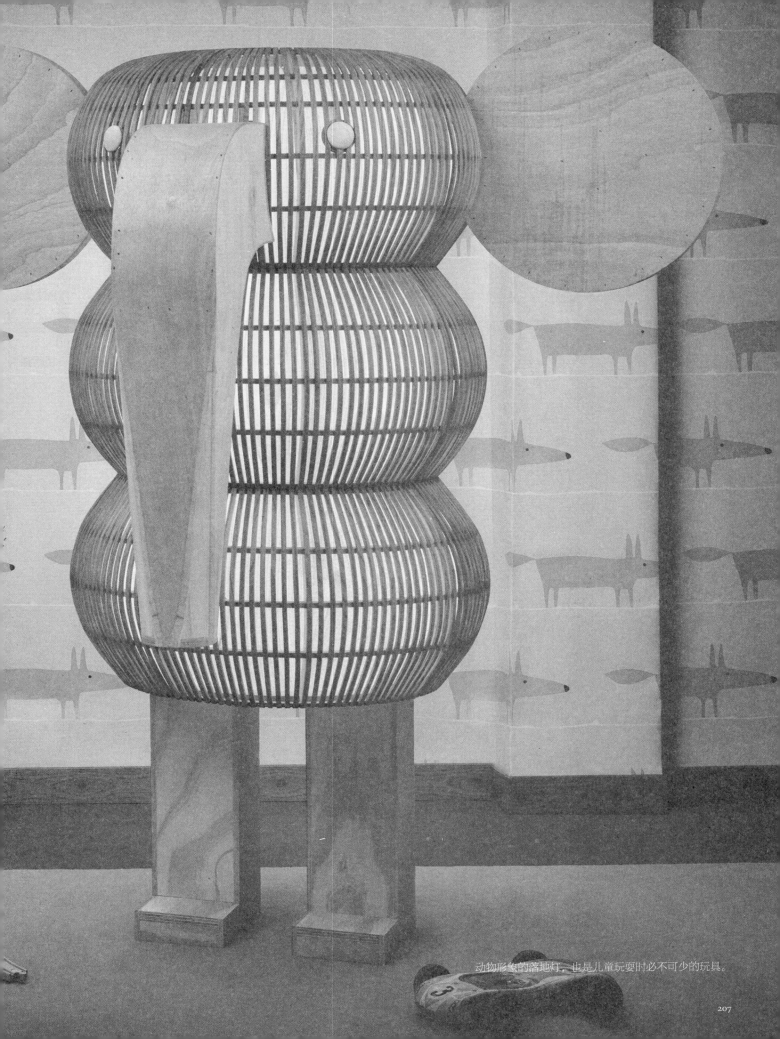

动物形象的落地灯，也是儿童玩耍时必不可少的玩具。

COURSE

插画：Creartive Visual Agency

软装教程 >>>

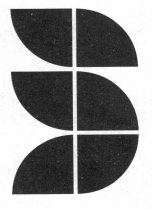

花间故事

玫瑰岗哨

俄罗斯帝国沙皇尼古拉一世于 1825 年继位后，派了一名将军护送母后回皇家离宫皇村（即今普希金城）。将军在附近散步，见一名持枪哨兵肃立路旁，可是他守卫的地方却空无一物，后得知皇家花园这个岗哨设立已经有 50 年历史，却不知道守卫的是何物。设岗的根据是一纸命令"距东厢 500 步处设一岗哨"。

最终设岗的秘密水落石出，答案非常有趣。50 年前，女皇叶卡捷琳娜二世在花园里散步。一天，她在此发现一株盛开的玫瑰，美艳动人，就想留给自己的孙子，因此她下了一道命令，在花旁设岗看守，以免被别人摘去。可是翌日，她把此事忘得一干二净，但岗哨从此就年复一年地保留下来。女皇死后，玫瑰花丛当然早就枯萎无存，但哨兵却在原地不断的轮换着。

这真是一则玫瑰花引发的传奇小故事。对于花的喜爱，从女王到平民，无有例外。例外的是，一支吸引了女王的美丽玫瑰，为无数个哨兵设置了传奇的工作岗位。

春风十里
不如DIY一个自然小景观
—— CAGE鸟笼鲜花

文 / 花艺师：SAU　编辑：郑亚男

春天是万物复苏，草长莺飞的好时节，即使没有时间身处花园和大自然中，我也不愿错过这个色彩斑斓的季节。结束一天忙碌的工作，回到家后能有一抹充满生机的鲜花迎接你，那心情也会被治愈。只需要插上一盆美美的花，家也可以轻松切换成春天模式。

"SAU"今天教大家的不是禅意浓浓的花道，也不是错综复杂讲究细节的欧式复古花艺，这只是在一个晨光熹微，懒洋洋的早上，随意拿起自己从欧洲淘来的鸟笼，在鸟笼里放上一块花泥，插上花草，简单随意的插花就此完成，这不仅是花语，也是放飞的心。

花毛茛

又名洋牡丹，又称芹菜花、波斯毛茛，是毛茛科花毛茛属多年生宿根草本花卉。花毛茛原产于地中海沿岸，法国、以色列全欧洲国家已广泛种植。

蔷薇

是一种呈鲜艳黄色的小花，果实有白色、浅红色、深桃红色、黄色等多种花色。广泛分布在亚、欧、非、北美各洲亚温带至亚热带地区。

狂欢泡泡

是一种新型切花，深受人们喜爱。花朵颜色为金黄色，每个枝头的花朵大小不一，花头娇小，排列有致，伴随着多个可爱的花蕾，有的已经盛开，娇艳动人，有的等待绽放，甚是可爱。狂欢泡泡产于云南。

胭脂

胭脂花（学名：Primula maximowiczii Regel.）：
春花科春花属多年生草本植物，全株无粉。5-6
月开花，7月结果。分布于中国吉林、内蒙古、河北、
山西、陕西。生长于林下和林缘湿润处。该种花色
丰富，花期长，具有很高的观赏价值，亦可做药用。

白龙珠

因为有了你，才懂什么是永恒，不管
在哪一天，不管什么时间，尝陪我体
验这世界，数不尽的旅，不管未来的
路，也许崎岖险危，只要你陪我走向
前，生活是苦或是难，我都情愿……
亦为生命之果……

洋桔梗

洋桔梗，属于龙胆科
多年生植物，原生于
美国南部至墨西哥之
间的石灰岩地带。

雪山

雪山玫瑰花语

1. 尊敬
2. 不被注意（不为人知）的美
3. 诚实
4. 纯纯的爱
5. 甘心为你付出所有
6. 高贵
7. 帮助
8. 纯洁、纯情、贞洁
9. 真纯洁的友谊（或是以与你相配白玫瑰
表达的含义）"你是圣洁的"或"你是我
的"，代表了纯洁爱情。

恋曲

对于友情，黄玫瑰代表有纯洁的友谊和美
好的祝福。所以，黄玫瑰可以送给朋友，代表
着你们之间真挚的友情。
对于爱情，黄玫瑰代表浪漫、真爱，但是
也表示为爱道歉。不过，在某些地方，黄玫瑰
还代表着等待，等待属于你们的爱情。
生活里，黄玫瑰以其优雅的姿态、明亮的
颜色，广为人们所喜爱。虽然它是代表道歉的
鲜花，但同时也代表幸运，有着娇嫩的含义。
所以，千万不要以为只有在道歉的时候才可以
送黄玫瑰。尤其是当黄玫瑰搭配其他花材的时
候，更能拥有美好的寓意。

黄莺

尤加利小叶

米花

小手球

大华叶

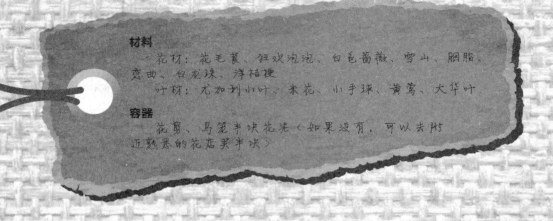

材料

花材：花毛茛、狂欢泡泡、白色蔷薇、雪山、胭脂、恋曲、白龙珠、洋桔梗

叶材：尤加利小叶、米花、小手球、黄莺、大华叶

容器

花剪、鸟笼卡块花泥（如果没有，可以去附近熟悉的花店买卡块）

①

②

③

制作方法：

1. 将花泥泡入水中，自然地落下，不要用手压花泥，待到花泥全部浸入水中，拾起，根据容器大小切成自己想要的大小将其放入笼中。

2. 先插入体量相对较大的绿叶（这里是大华叶），后插入颜色浅且新鲜的黄莺，与深绿色大华叶呼应，最后加入小手球、米花形成丰富的层次感。

3. 先选择块状鲜花（雪山、洋桔梗、花毛茛）后插入多头花材（狂欢泡泡、多头蔷薇）最后插入小手球这种漂浮感花材，且要使高于主花材。

TIP

①花朵选择相近色系，在色盘上选择90度以内的色系花材。

②用一些低垂杨柳的细长花材，来营造无限延展的仙境气息。

4

、静态的空间放上这个鸟笼鲜花，是不
是瞬间就变得生动起来了呢？最重要的
是，这些鲜花只为你绽放哦。

NATURE
FLOWER
SAU⌧

色彩与空间

　　色彩是设计作品给人的第一感觉，配色中非常微妙的差异会形成截然不同的视觉效果。色彩还需要结合造型，恰到好处的结合能够强化造型的寓意并解释图像的表现力，烘托出意欲表达的特有的情感氛围。色彩还要与材质相配合才能恰如其分地传递信息。

　　对于软装设计来说，色彩是较难把握的部分。正因为难，所以色彩的相关知识值得专门摘选出来单独攻克。

　　此小节的内容，将作为一个连续的版块，分批分节地讲述色彩。以期帮助设计师熟悉色彩，了解色彩，把握色彩的兼性，融汇色彩的规律，最终能得心应手地使用色彩。

　　色彩轻松搭小节将用 8 个空间场景，讲述关于红色的运用。

软装配色灵感来源速查

文 / 编辑：杜玉华

色彩搭配是一门讲究的学问，其辐射范围广泛，包括服装、产品、空间、妆容等。以天然淳朴或经过岁月洗礼的色彩作为软装配色的灵感来源可以达到事半功倍的效果。本文从动物的角度出发来介绍色彩灵感。每个案例中的色彩构成以配色图形的方式加以展示，并标注该色彩的编号，方便设计师快速查找。

R 205
G 33
B 28

R 49
G 89
B 168

R 141
G 208
B 220

R 78
G 102
B 47

万物回春

灰色背景下，一只象征生命力的鸟儿突然起飞，蓝色翅膀瞬间使背景明亮起来，由脊背至头部渐渐变幻为绿色与红色，这三色组合将春天的气息蔓延开来，极具生命力。

适用空间：朝气蓬勃的青年空间、快乐的儿童房。

R 245
G 228
B 178

R 224
G 123
B 56

R 158
G 183
B 114

R 92
G 167
B 219

R 55
G 70
B 78

梦幻童话

这幅画面中，蓝色兔子的眼睛是灰黑色的，青色的草地背景配以两个红橙色胡萝卜，远处的天空是与胡萝卜颜色相近但偏浅的肉色。蓝色兔子打破了以往人们对兔子固有色彩的印象，胡萝卜的体积与比例也较日常偏大，使得整个画面充满超现实色彩，如同一个梦幻童话。

适用空间：活泼明朗的儿童活动室。

R 233
G 189
B 42

R 121
G 87
B 62

R 62
G 86
B 100

神秘猎人

这是一个充满神秘感的鸟类图腾，箭杆标志与羽毛图纹将大自然的野性彰显得淋漓尽致。深沉的咖啡色、黯淡的蓝色、朴实的土黄色都属于暗色系，三色交叉，进一步凸显了神秘内敛的特质，再结合鸟类图腾的造型特征，整个画面野性十足。

适用空间：风流倜傥或阳刚成熟的男性卧室。

如果对色彩有所研究，便可发现，在千变万化的色彩中，除了红、橙、黄、绿、蓝、靛、紫外，还有上千上万种色彩等待被挖掘。比如，红色可分解成粉红色、大红色、酒红色、玫红色；绿色可分解成草绿色、鲜绿色、嫩绿色；蓝色可分解成天蓝色、深蓝色、湖蓝色等。当红色遇上蓝色，它是鲜艳活泼的；当红色遇上黑色，则变得冷艳神秘。同一种色彩，与不同的色彩相结合，形成的效果也是千变万化的。长期以来，室内设计类图书大多罗列各种空间设计案例，对色彩搭配进行简要的概括，但是这样限制了灵感来源的范围。

本文通过对色彩主题的概括归纳，再次展示和说明了要成为一名优秀软装设计师，不仅需要懂空间，还要懂服饰、大自然、画品等。软装设计师应该是博学的，正所谓"集万千精华于某一空间"，从而营造一个个宜居宜人的空间场所。

R 195 G 165 B 155

R 248 G 233 B 216

R 110 G 80 B 64

R 218 G 67 B 55

R 76 G 57 B 59

傲骨柔情

冷色系的背景中，一棵开满白花的黑灰色树木撑起了整片天空，完美地展现了冬日的寂静寒冷。但在这份充满寂寥感的柔情画意中，一只红黑白色相间的鸟儿屹立枝头，极有力度地与清冷的冬日相抗衡，惊艳四方。

适用空间：艺术气息十足的艺术空间、知性女子的卧室。

R 112 G 112 B 73

R 80 G 105 B 105

R 110 G 80 B 64

R 50 G 50 B 50

蝴蝶魅惑

蝴蝶本是浪漫清新的动物元素，但在这张图中，由暗绿色和黑色组成的蝴蝶元素洋溢着丝丝魅惑气息，这两种色调与蓝灰色背景相结合，营造了神秘的氛围，给自由轻盈的蝴蝶增添了几分魅惑之美。

适用空间：浪漫神秘的酒店空间、魅惑内敛的住宅。

R 250 G 230 B 215

R 230 G 175 B 130

R 145 G 95 B 60

R 90 G 80 B 55

R 30 G 15 B 5

霸气

乌云笼罩的天空下，一只凶猛的狮子正张口咆哮，棕黄色的皮毛与乌黑色的天空相衬，营造了凝重肃穆的氛围，原本温暖内敛的棕黄色在如此的色彩搭配下，展现了霸气的一面。

适用空间：庄重沉稳的男性卧室、严肃内敛的书房。

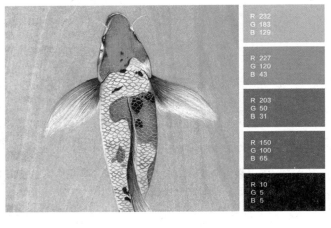

吉祥如意

浅橘色背景将温暖愉悦的气息散布于画面中,一条橘红色与黑色相间的鲤鱼悠然游弋于其间。色彩比例恰到好处,鱼身以橘红色为主,夹杂零星的白色鳞纹和黑色点缀,两鳍采用橙色与暗白色的组合,既呼应了背景,又延伸了鱼身主色。整个画面的寓意颇为吉祥。

适用空间:新中式公共空间、中式会所。

高贵典雅

繁复的花朵图纹隐约地浮现于浅色背景上,一只姿态高傲的孔雀出现于画面正中,以深色调点缀全身,彻底抢夺了视觉焦点。这只孔雀以宝蓝色和翡翠绿色为主色调,分不同的层次由头至尾蔓延,结合繁复的图纹,将高贵典雅的气质展现得淋漓尽致。

适用空间:古典住宅、优雅高贵的女性卧室、具有传统民族风情的空间。

强者风范

从豹子身上寻找灵感,可发现其橙黄色与黑斑相结合的皮毛特别强势锐利,因此无论是在服装、包上,还是空间中,豹纹元素都很常见,且颇受强势霸气的人群欢迎。橙黄色、黑色、绿色的色彩组合洋溢着极具张力的野性气息。

适用空间:亲近大自然的住宅、运动感极强的男性卧室。

纯净温顺

北极熊的温顺气质主要来自它们给人的第一印象:雪白色的毛皮、黑眼珠和黑鼻头。雪白色毛皮与北冰洋的白色天空和清澈冰水完美融合,塑造了极为纯净的视觉印象,唯一的黑色被点缀成了若有若无的装饰色,却巧妙地提升了局部气质。

适用空间:纯净无邪的住宅、现代时尚的商业空间。

R 157 G 177 B 33	
R 224 G 212 B 32	
R 229 G 172 B 35	
R 196 G 67 B 29	
R 234 G 156 B 114	
R 68 G 13 B 8	

清新趣味

清新的青草地上出现了一只模样怪异却毫无违和感的动物。这种效果的营造，全凭它身上缤纷绮丽的色彩组合：由荧光黄色和黑色组成的腿、黑眼珠、绿色头部、由红橘粉青绿色组成的身躯，完美地融入清新的环境中。

适用空间：清新自然的人文空间、缤纷绮丽的少年空间。

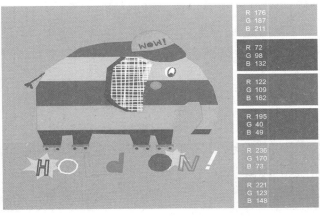

R 176 G 187 B 211	
R 72 G 98 B 132	
R 122 G 109 B 162	
R 195 G 40 B 49	
R 236 G 170 B 73	
R 221 G 123 B 148	

异想天开

由红、橙、蓝、白色条纹组成的大象体现了设计师的想象力，这四种色彩的组合为原本憨厚的大象添加了几分活泼与情趣。浅蓝色的大背景容纳了全部色彩，整个画面看上去极为和谐。

适用空间：天真活泼的儿童房、动漫涂鸦风格的公共场所。

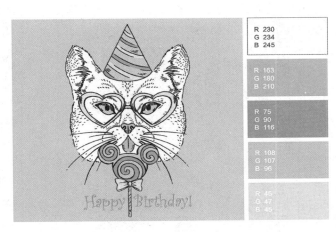

R 230 G 234 B 245	
R 163 G 180 B 210	
R 75 G 90 B 116	
R 108 G 107 B 96	
R 45 G 47 B 45	

幸福感

这是一只"寿星猫"，其白色脸孔上加入了黄色桃心眼镜框和蝴蝶结、玫红色与青蓝色相结合的领结、头冠刚好呼应了青色瞳孔，传达出幸福愉悦的情绪。粉红色舌头和鼻尖进一步塑造了白猫亲切的形象。

适用空间：幸福甜蜜的情侣卧室、梦幻甜美的女孩房、亲切愉悦的甜品店。

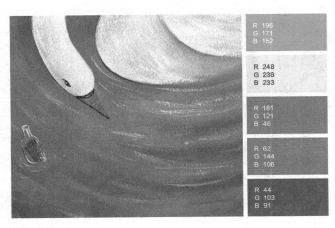

R 196 G 171 B 152	
R 248 G 238 B 233	
R 181 G 121 B 46	
R 62 G 144 B 106	
R 44 G 103 B 91	

宁静平和

青蓝色的湖水上，一只装有牛皮纸的透明许愿瓶随波漂流，巧遇在此游荡的白鹅。这画面不免令人心动，人的愿望和动物因缘际会，白色、青蓝色、棕色、透明色的色彩相组合，使画面洋溢着宁静平和的气息。

适用空间：自然清新的人文风格空间、极具文艺范儿的客栈会所。

色彩轻松搭

——红色的运用

文 / 编辑：高红

配色关键字：

清　　新

本空间色彩组合：
蓝色、红色、白色、绿色。

西班牙是文艺复兴时期欧洲最强大的国家，其文化和艺术经过岁月的沉淀，更显得悠远深厚。空间主要为白色、蓝色、红色相融合。在阳光照耀下，红色与蓝色搭配更显得清新，白色的墙壁和木门与西班牙特有的花纹地砖，组合成让人呼吸间都能备感和煦阳光的舒适空间。

R: 223 G:224 B:226　　R: 216 G:174 B:136　　R: 93 G:127 B:51　　R: 248 G:61 B:53　　R: 3 G:57 B:85

红色的意义和使用技巧

红色除了具有较佳的明视效果之外，更被用来传达有活力、积极、热烈、温暖、前进、权威、吉祥、喜气、奔放、激情、斗志等寓意。

它是最有力量的色彩，充满刺激的快感和支配的欲望，给人以无限的激情，同时也是积极向上的颜色。红色也常用来作为警告、危险、禁止、防火等标示用色。

红色被认为能激起雄性荷尔蒙的分泌，是比赛场合不可或缺的颜色。有助于激发力量与勇气，消除疲劳。

在空间中使用红色能够带给人快乐、激动、精力充沛的心理感受。

能够代表自然的颜色除了绿色还有木色，整个空间大量选用原木色，从镶嵌壁炉的墙壁到地板，从灯饰到家具，还有淡色的窗帘，都显示出淡雅的美丽，橘红色的沙发是点睛之笔，稳定空间色彩的同时也起到提亮的作用。

配色关键字：

自　然

本空间色彩组合：
木色、红色、白色。

R: 194 G:193 B:198　　R: 199 G:130 B:91　　R: 205 G:75 B:83　　R: 111 G:36 B:33　　R: 24 G:19 B:16

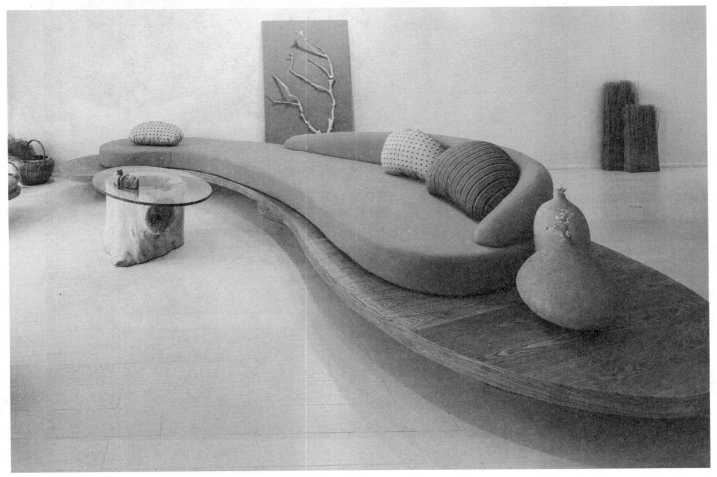

配色关键字：

传　统

本空间色彩组合：
金色、红色、白色、绿色。

传统的室内空间除了对家具和装饰有特定要求外，对空间颜色的搭配也是极为严格的。这是起居室的一角，红色的沙发背景墙搭配上金色的沙发，在灯光的映射下显得既古朴又奢华，暗红色的实木茶几和褐色的地毯又将跳跃的空间瞬间沉稳下来。

R:198
G:204
B:220

R:176
G:159
B:141

R:95
G:33
B:22

R:28
G:18
B:16

好的餐厅布置会让人食欲大开，红色有着充满激情与食欲的美好含义，空间设计为"法式中国风"风格，意在将中国风与现代元素相结合，红色的餐椅与褐色的餐桌相搭配，随意地点缀上红色与白色的绿植花朵，摆放上中国独特的陶瓷艺术品，墙上挂一幅颜色绚丽的山水画，这一系列设计演奏出一曲中国风之歌。

R:169
G:160
B:151

R:103
G:13
B:22

R:0
G:87
B:97

R:12
G:12
B:10

配色关键字：

乐　趣

本空间色彩组合：
灰色、红色、白色、绿色。

每个人都有一个英雄梦，卧室的主题为"美国队长"和"超人"，而他们都有一个共同的特点，就是蓝色与红色相间，整体的色彩还是显得温馨的黄色，在细节处增添主题物件，比如灰色窗帘、动漫挂画、绿色床品和红色地毯等，逐一将电影元素在卧室中展现。

R:189
G:158
B:129

R:92
G:113
B:80

R:143
G:36
B:30

R:90
G:87
B:82

很少有人能够将书房布置得如此高调，棚顶镶嵌着镜子，放大了空间的同时也将灯光充分利用起来。椅子后的褐色书架与红色的地板相呼应，更显高贵、奢华。黑色的桌子与真皮沙发搭配，为高调的空间增添浓重的一笔。

配色关键字：

高 调

本空间色彩组合：
黄色、红色、白色、黑色。

R:175
G:3
B:10

R:205
G:162
B:60

R:119
G:143
B:5

R:61
G:30
B:2

配色关键字：

稳　重

本空间色彩组合：
蓝色、红色、灰色、绿色。

红色代表着热烈、活力，富有张力，红色有效的运用，会将空间显得沉稳且不乏味。红色的纯实木隔断将空间包裹成半私密的会客厅，灰色的沙发与红色的地板相呼应，沙发在空间中起到了活跃气氛的作用。

| R:150 G:140 B:145 | R:196 G:155 B:133 | R:211 G:50 B:22 | R:64 G:23 B:21 | R:32 G:106 B:171 |

会客厅的沙发选择了褐色，配上灯芯绒和丝绸质感的抱枕，将整个规矩的空间衬托得奢华光亮，两把亮红色的椅子，与屋顶中式意味浓厚的吊灯，配上沙发墙上的中式画，体现出对中国传统元素的有效运用。蓝色的地毯又将热烈的红色和金色进行融合，光感十足。

R:213 G:188 B:121	R:130 G:181 B:212	R:134 G:166 B:155	R:223 G:4 B:32	R:41 G:50 B:109

RECOMMEND

插画：Creartive Visual Agency

编辑推荐 >>>

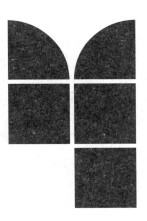

动物产品小世界

我们在这里甄选出一些实用类的产品、食物、书籍，有的关乎动物的延展创意，有的直接提升居住的内外环境，有的是让空间充满趣味性……

Diva
鸵鸟女王玄关桌

设计师：Benoît Convers　文/编辑：张群

Diva 鸵鸟女王玄关桌在 2005 年获法国 Maison & Objet 设计大奖，此后，它就开始了它的环球奇遇记。它屡屡亮相于顶级设计殿堂的橱窗中，譬如 Paul Smith 在纽约、东京、洛杉矶和米兰的旗舰店；同期，它还在欧洲多家美术馆中展出，包括瑞士洛桑当代美术馆，芝加哥当代美术馆等。

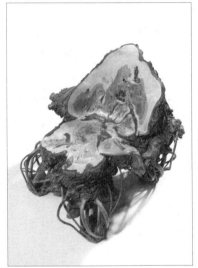

Willow
颠倒木椅

设计师：Benoît Convers　文 / 编辑：张群

    这把椅子是由一棵柳树创作而成的，腿的位置通过枝干扭曲及其分支机构用夹板固定。

Joe
北极熊王者书架

设计师：Benoît Convers　摄影师：János Rátki　文 / 编辑：张群

　　2007 年春，为了唤醒对北极熊的保护，Joe 北极熊王者书架在米兰设计展中第一次亮相，即备受瞩目，许多设计师和明星都争相收藏，包括 LVMH 集团主席 Bernard Arnault 的奢侈酒店 "Cheval Blanc"，Philippe Starck 设计的比佛利山 SLS 酒店等。每只 Joe 都有自己的编号，保证收藏价值。2009 年全球仅限 50 只。

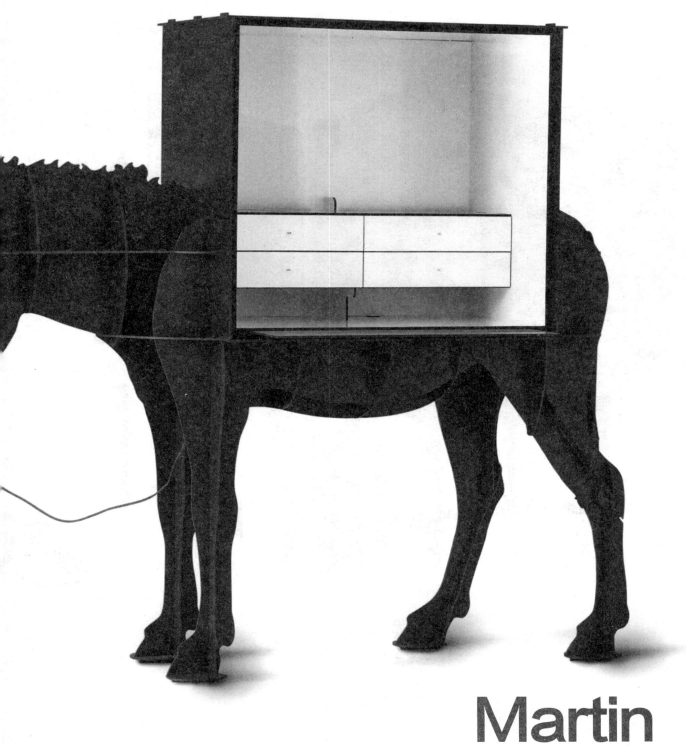

Martin
小驴多功能柜

设计师：Benoit Convers   文 / 编辑：张群

Martin 小驴多功能柜是一件功能多样的设计，它的身上配有电线和网线接口。无论放上苹果笔记本作为个人工作天地，还是陈列珍藏的苏格兰单一麦芽威士忌来款待知己，它都是不凡的个性选择。

Bird

儿童用观鸟小屋

设计师：Studio Makkink & Bey　　文 / 编辑：张群

观鸟小屋是一间可供儿童小睡的小房间。改装的衣帽架和一张小椅子构成了一个单独的阅读空间。经过喷砂处理的运输箱，其木质纹理更显丰富。为探求新产品和新功能，设计师将收集的旧家具进行重新组合，设计出了园亭、梳妆台和观鸟小屋等一系列产品。

Sultan / Zelda
猎犬矮凳

设计师：Utopia & Utility　文 / 编辑：张群

Sultan / Zelda 猎犬矮凳。野餐时放置食物，孩子第一次踩着他她从书架取他喜欢的书，坐在阳台上发呆，无论怎样的时间，怎样的环境，他们都让你值得依靠。

Octopus
多米尼克衣帽架

设计师：StudioKahn and Sholi Strauss　文 / 编辑：张群

坚固耐用的木头遇到了温婉易碎的陶瓷，结合了不同设计师的不同风格，就是这种组合创造出了一种新颖别致而又激动人心的语言。

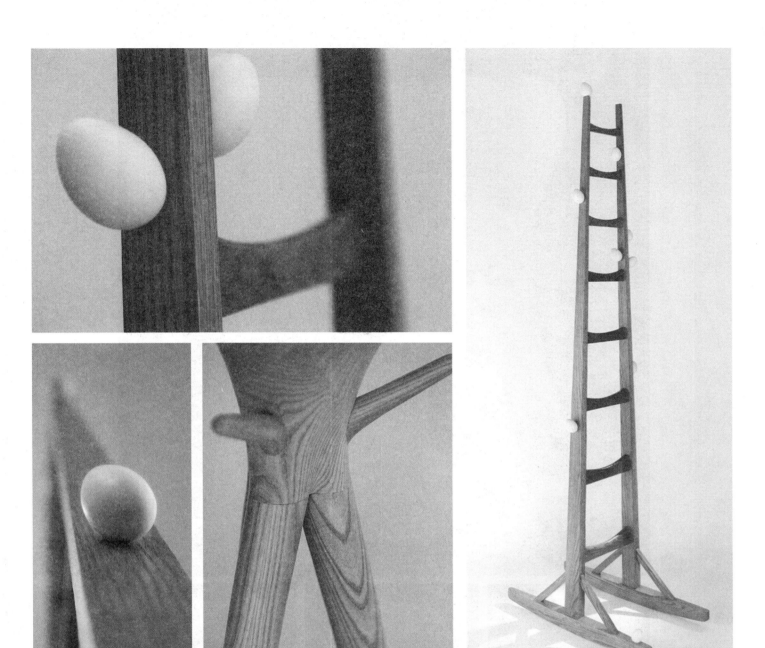

Egg

"梦想" 衣架

设计师：StudioKahn and Sholi Strauss　文 / 编辑：张群

　　这件为索斯比"梦想物体"展览制作的家具极具故事性。它的故事性并非来自言语，而是来自
联想的片段和历史的引用。

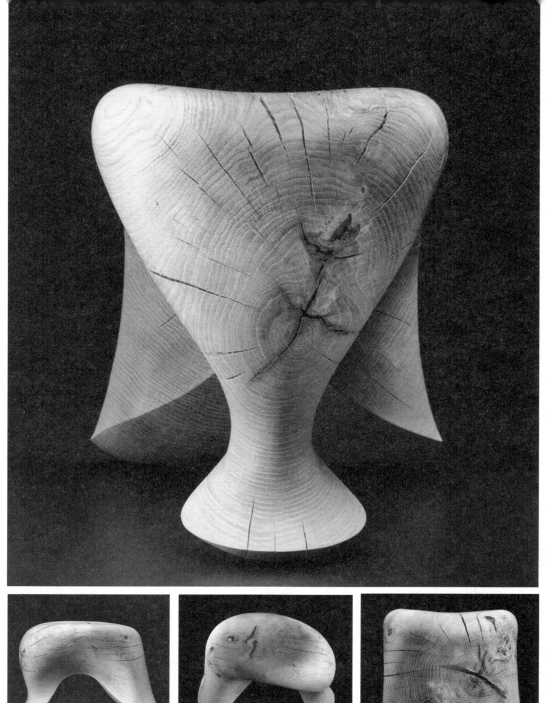

Imagine
张力木凳

设计师：Rutger Graas　文 / 编辑：张群

凳子为一块自然形态的木头打磨、拼凑而成，造型奇特，富有趣味性。

Bone

阿特拉斯椅

设计师：Scott Jarvie　文 / 编辑：张群

　　通过对电脑生成的三维造型和实体模型多次试验，该设计被不断发展完善。为了围绕骨结构和自然界而产生强烈的视觉联系，该设计以阿特拉斯骨骼命名，这也是脊椎的第一节颈椎。通过使用交叉元素生成轮廓来创造出椅子的截面，这款阿特拉斯椅以突出平面直角板为特征。这使复杂曲面几何图形合理说明了平坦曲面，同时，材料的有效性实现了雕塑的可能性，并创造出了促进结构构建的系统。国家科学、技术和艺术基金会邀请 Scott Jarvie 在其伦敦总部展示阿特拉斯设计作品。该展览由阿特拉斯椅子和桌子，以及两个雕塑部件构成，展示了设计背后的设想。

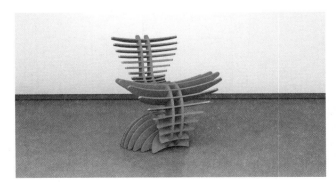 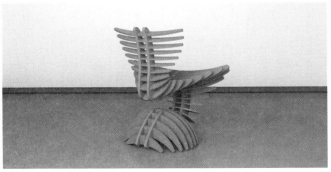

动物美学的书籍

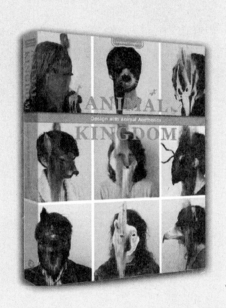

作　　　者：SendPoints
出　版　社：SendPoints
出 版 时 间：2015 年 1 月
装　　　帧：平装
页　　　数：256 页
纸　　　张：胶版纸
开　　　本：16 开
正 文 语 种：英文
I S B N：9789881383457

《动物王国——动物的美学设计》

英文书名："ANIMAL KINGDOM
　　　　　　 - Design with Plant Aesthetics"
中文书名：《动物王国——动物的美学设计》
注　　明：此书为英文原版，中文版尚未面世。

编辑推荐

这是一本展现动物之美的书籍，本书通过多种表达方式来诠释动物美学的发展历程，是一本极具艺术价值的平面设计类书籍，设计案例丰富精美、图片印制质量高、思考角度新颖，是值得参考的一本好书。

作者介绍

善本图书，专注引进全球优秀出版物，分享阅读多元的美好，笃信阅读传承的力量，给读者展现无限的阅读可能。

善本图书从中国最专业的艺术与设计类出版品代理发展起来，经多年耕耘和积累，代理领域愈发广泛，近年接连开发生

活、旅游、文化、时尚等非艺术与设计领域的出版。

善本图书与全球知名出版社长期建立合作关系，如德国 TASCHEN 出版社、德国 Gestalten 出版社、英国 Phaidon 出版社、英国 Thames & Hudson 出版公司、美国 Sterling 出版社、美国 Random House 出版社、美国 Rizzoli 出版社、荷兰 Frame 出版社、日本 PIE 出版社、日本 BNN 出版社、日本 Seigensha 出版社、中国台湾原点出版社、中国台湾博硕出版社、中国台湾漫游者出版社、中国香港 SendPoints 出版社 、中国香港三联出版社，等等。

内容简介

人类与动物之间的历史源远流长。自文明的开端，人类便一直务求通过描绘、神圣化甚至模仿动物来获得其巨大力量及魅力。

《动物王国——动物的美学设计》专注于现代设计中动物的美学形态及其应用价值、心理价值。展示的作品来自多个艺术领域，包括品牌、包装、广告、装置等。在这些动物灵感设计中我们可以看到它们的多元性和通用性，更重要的是美学价值。本书主题围绕着动物的形态美展开，同时还介绍了动物美学的历史发展进程以及现代社会的商用价值。

作　者：【英】法纳姆　著
译　者：李锦红，田柴禾
出 版 社：海豚出版社
出版时间：2012 年 11 月
装　帧：平装
纸　张：胶版纸
开　本：16 开
I S B N：9787511010803

《生活之甜
——好玩又赚钱的家庭动物标本制作术》

编辑推荐

　　"好玩又赚钱的家庭动物标本制作术"全面准确地描述了本书的主题。"DIY"一度引领潮流，各式各样的布偶、刺绣、拼图……有谁见过"DIY"的动物标本呢？阅读过本书的你会发现这并不是难事！简单易懂，趣味横生，是家庭手工教材的典范。

作者介绍

　　阿尔伯特 B·法纳姆（Albert B· Farnham，1830-1913），英国著名的标本制作专家，以其丰富的标本制作经验，写了五本关于家庭标本制作的书，流传下来的除本书之外，另有《家庭皮毛和骨骼制作术》一书。行文幽默风趣，富有故事性。

　　李锦红，翻译专业研究生，主修多门外语，专职笔译。

　　田柴禾，翻译专业研究生，主修英语和德语，自毕业后一直为自由译者。

内容简介

　　本书为动物标本制作爱好者的入门学习手册，由简到难，介绍了制作动物标本的技巧。从制作标本的工具、用药，到保存、护理所需用具等多方面，向初学者传授制作动物标本的技术。

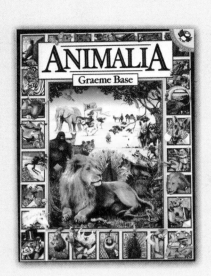

作　　者：Graeme Base
出 版 社：Puffin
出版时间：2016 年 2 月
装　　帧：平装
页　　数：32 页
纸　　张：铜版纸
开　　本：32 开
I S B N：9780140559965

Animalia —— Graeme Base

英文书名：*flower class*
中文书名：《动物公园绘画基础》
注　　明：此书为英文原版，中文版尚未面世。

编辑推荐

　　色彩艺术是灵魂沟通的桥梁，是真正的"世界通用语言"，此书是儿童精品书，于 2004 年出版至今，已被重印多次，广受儿童和家长的一致好评，画面优美、印刷精致、内容贴合实际的同时也具有创新理念。

作者介绍

　　葛瑞米·贝斯（Graeme Base）是全球知名的儿童绘本创作家。他所创作的字母书 *Animalia* 在 1986 年出版后，即获得全世界的赞誉，全球销售超过两百万册。随后，他的 *The Eleventh Hour*，荣获澳洲童书协会年度绘本

奖。*The Waterhole* 结合了绘本风格与算术，独创的手法获得高销量的肯定。其他的长销作品包括：*My Grandma Lived in Gooligulch*、*The Sign of the Seahorse*、*The Discovery of Dragons*、*The Worst Band in the Universe*。除了绘本创作，他还于 2003 年出版了青少年小说 *TruckDogs*。

内容简介

　　插图是用水彩、铅笔和不透明水彩画在热压插画纸板上，Graeme Base 这位画动物的高手再次演绎了一场华丽的动物插画视觉盛宴。

动物产品这里寻

悠良创新家居体验馆

深圳悠良创新家居体验馆是一家软装饰品、家具一站式购物店铺，它以精良的工艺、丰富的色彩、美观实用而闻名，能够提供全面的产品咨询及产品设计服务。

2.7 米特大骆驼 ▲

品牌：悠良创新家居体验馆
型号：UM020
规格：2100mm × 2700mm × 850mm
市场价：32 500 元
材质：实木多层板（原木面）
风格：北欧现代风格
设计说明：书架式骆驼，不仅是一个别致的边桌，还可用来盛放个人物品、文件、首饰等，甚至当作床边收纳柜也是不错的选择。

挂狮子 ▼

品牌：悠良创新家居体验馆
型号：UM016
规格：390mm×320mm×26.50mm
材质：实木多层板（原木面）
风格：北欧现代风格
设计说明：狮子头壁挂实用而具有创意，实木质地坚固耐用，具有装饰与收纳的双重作用，节省空间的同时为家居生活增添了不少乐趣。

挂熊 ▲

品牌：悠良创新家居体验馆
型号：UM015
规格：360mm×30.50mm×350mm
材质：实木多层板（原木面）
风格：北欧现代风格
设计说明：熊头壁挂实用而具有创意，实木质地坚固耐用，具有装饰与收纳的双重作用，节省空间的同时为家居生活增添了不少乐趣。

北欧小木钟 ▲

品牌：悠良创新家居体验馆
型号：UM006
规格：400mm×380mm×6.50mm
材质：实木多层板（原木面）
风格：北欧现代风格
设计说明：简洁天然的木质挂钟，创意十足，是非常时尚的家居饰品，满足当代家居需求，尤其是现代年轻人的首选。

新巴洛克原木台灯（曲） ▲

品牌：悠良创新家居体验馆
型号：UM017
规格：580mm×320mm
材质：实木多层板（原木面）
风格：北欧现代风格
设计说明：小巧精致，巴洛克元素融入其中，兼具实用性与装饰性。

落地鹿（常规） ▲

品牌：悠良创新家居体验馆
型号：UM012
规格：1440mm×350mm×1280mm
材质：实木多层板（原木面）
风格：北欧现代风格
设计说明：书架式小鹿，不仅是一个别致的边桌，还可用来盛放个人物品、文件、首饰等，甚至当作床边收纳柜也是不错的选择。

悠良创新家居体验馆

公司地址：深圳罗湖区梅园路艺展中心三期 240 店铺

马鹿 ▶

品牌：深圳博艺标本艺术中心
型号：szby-023
规格：1900mm×1750mm×800mm
材质：天然的动物皮毛
风格：欧式风格
设计说明：马鹿选用天然的动物皮毛，采
用先进的工艺，保果期长达50年。

深圳博艺标本艺术中心 ——

  该中心首创国内特种动物人工养殖，标本加工制作和销售为一体的生产模式，首次提出标本艺术工艺化理念，填补了国内标本艺术市场空白，为室内装饰添加新的元素，满足人们个性需求。公司拥有一支努力进取的标本工艺师团队，引进欧洲标本制作新概念、新材料，改变传统标本制作中的填充式、捆绑式的制作工艺，摒弃含砒霜等剧毒物的弊端，完全环保工艺制作，以更加生动、完美、永恒地再现动物每个动作行为的深刻内涵。精心设计、精心制作，追求每一件作品都惟妙惟肖、栩栩如生，令人回味无穷，从而使每一件动物标本都成为具有深邃底蕴的艺术精品。

梅花鹿

品牌：深圳博艺标本艺术中心
型号：szby-021
规格：1750mm×1600mm×700mm
材质：天然的动物皮毛
风格：欧式风格
设计说明：梅花鹿选用天然的动物皮毛，采用最先进的工艺，保质期长达 50 年。

鹿头 ▲

品牌：深圳博艺标本艺术中心
型号：szby-019
规格：1100mm×1000mm×700mm
材质：天然的动物皮毛
风格：欧式风格
设计说明：鹿头选用天然的动物皮毛，采用最先进的工艺，保质期长达 50 年。

1：1 绵羊

品牌：深圳博艺标本艺术中心
型号：szby-026
规格：1300mm×900mm×450mm
材质：天然的动物皮毛
风格：欧式风格
设计说明：绵羊选用天然的澳洲羊皮毛，采用先进工艺制作而成，保质期长达 50 年。

牦牛头骨 ▶

品牌：深圳博艺标本艺术中心
型号：szby-008
规格：750mm×700mm
材质：天然的动物头骨
风格：欧式风格
设计说明：牦牛头骨选用天然的动物头骨，采用先进的工艺，保质期长达 50 年。

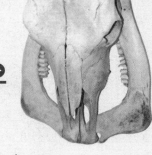

深圳市欣意美饰品有限公司
公司地址：中国 广东 深圳市罗湖区 梅
园路艺茂工艺品中心 G014-15

帽灯（蝴蝶结）
型号： M10640
规格： 480mm×480mm×850mm
材质： 金箔
风格： 现代风格、后现代风格

帽灯（女士帽）
型号： M10642
规格： 300mm×300mm×720mm
材质： 金箔
风格： 现代风格、后现代风格

帽灯（礼帽）
型号： M10641
规格： 300mm×300mm×830mm
材质： 金属
风格： 现代风格、后现代风格

帽灯（牛仔帽）
型号： M10643
规格： 310mm×310mm×620mm
材质： 金箔
风格： 现代风格、后现代风格

钻石鹤（低）
型号： M10742
规格： 800mm×450mm×1050mm
材质： 哑白玻璃钢、中国红玻璃钢
风格： 现代风格、后现代风格

拉长耳朵（狗）
型号： M10651+ 帽子、M10651+ 皇冠
规格： 420mm×210mm×220mm
材质： 桃红色玻璃钢
风格： 现代风格、后现代风格

深圳市欣意美
饰品有限公司

深圳市欣意美饰品有限公司是玻璃钢工艺品、玻璃钢产
品定制、树脂工艺品、玻璃钢家具、玻璃钢、布艺沙发等产
品专业生产加工的公司，拥有完整、科学的质量管理体系。

钻石鹤（高）
型号： M10741
规格： 600mm×450mm×1500mm
材质： 哑白玻璃钢、中国红玻璃钢
风格： 现代风格、后现代风格